sind **Grundpreise**, auf die ein den jeweiligen Herstellungs- und allgemeinen Unkosten entsprechender Zuschlag (Sept. 1922: 1500%, Schulbücher mit * bezeichnet 900%) berechnet wird. Nur durch diese im geschäftlichen Verkehr sonst auch allgemein übliche Berechnung ist es möglich, den durch die fortschreitende Teuerung bedingten Preisänderungen zu folgen.

Mathematisch-Physikalische Bibliothek

Gemeinverständliche Darstellungen aus der Mathematik u. Physik. Unter Mitwirkung von Fachgenossen hrsg. von

Dr. W. Lietzmann und Dr. A. Witting

Oberstud.-Dir.d.Oberrealschule zu Göttingen   Oberstudienrat, Gymnasialpr. i. Dresden

Fast alle Bändchen enthalten zahlreiche Figuren. kl. 8. Kart. je M. 1.50

Die Sammlung, die in einzeln käuflichen Bändchen in zwangloser Folge herausgegeben wird, bezweckt, allen denen, die Interesse an den mathematisch-physikalischen Wissenschaften haben, es in angenehmer Form zu ermöglichen, sich über das gemeinhin in den Schulen Gebotene hinaus zu belehren. Die Bändchen geben also teils eine Vertiefung solcher elementarer Probleme, die allgemeinere kulturelle Bedeutung oder besonderes wissenschaftliches Gewicht haben, teils sollen sie Dinge behandeln, die den Leser, ohne zu großen Anforderungen an seine Kenntnisse zu stellen, in neue Gebiete der Mathematik und Physik einführen.

Bisher sind erschienen (1912/22):

Der Begriff der Zahl in seiner logischen und historischen Entwicklung. Von H. Wieleitner. 2., durchgeseh. Aufl. (Bd. 2.)

Ziffern und Ziffernsysteme. Von E. Löffler. 2., neubearb. Aufl. I: Die Zahlzeichen der alten Kulturvölker. (Bd. 1.) II: Die Z. im Mittelalter und in der Neuzeit. (Bd. 34.)

Die 7 Rechnungsarten mit allgemeinen Zahlen. Von H. Wieleitner. 2. Aufl. (Bd. 7.)

Einführung in die Infinitesimalrechnung. Von A. Witting. 2. Aufl. I: Die Differential-, II: Die Integralrechnung.(Bd.9 u.41.)

Wahrscheinlichkeitsrechnung. V. O. Meißner. 2. Auflage. I: Grundlehren. (Bd. 4.) II: Anwendungen. (Bd. 33.)

Vom periodischen Dezimalbruch zur Zahlentheorie. Von A. Leman. (Bd. 19.)

Der pythagoreische Lehrsatz mit einem Ausblick auf das Fermatsche Problem. Von W. Lietzmann. 2. Aufl. (Bd. 3.)

Darstellende Geometrie d. Geländes u. verw. Anwend. d. Methode d. kotiert. Projektionen. Von R. Rothe. 2., verb. Aufl. (Bd. 35/36.)

Methoden zur Lösung geometrischer Aufgaben. Von B. Kerst. (Bd. 26.)

Einführung in die projektive Geometrie. Von M. Zacharias. 2. Aufl. (Bd. 6.)

Konstruktionen in begrenzter Ebene. Von P. Zühlke. (Bd. 11.)

Nichteuklidische Geometrie in der Kugelebene. Von W. Dieck. (Bd. 31.)

Einführung in die Trigonometrie. Von A. Witting (Bd. 43)

Abgekürzte Rechnung. V. A. Witting. (Bd.47)

Funktionen, Schaubilder, Funktionstafeln. Von A. Witting. (Bd. 48.) (U. d. Pr. 22.)

Einführung i. d. Nomographie. V. P. Luckey. I. Die Funktionsleiter (28.) II. Die Zeichnung als Rechenmaschine. (37.)

Theorie und Praxis des logarithm. Rechenschiebers. V. A. Rohrberg. 2. Aufl. (Bd. 23.)

Die Anfertigung mathemat. Modelle. (Für Schüler mittl. Kl.) Von K. Giebel. (Bd. 16.)

Karte und Kroki. Von H. Wolff. (Bd. 27.)

Die Grundlagen unserer Zeitrechnung. Von A. Baruch. (Bd. 29.)

Die mathemat. Grundlagen d. Variations- u. Vererbungslehre. Von P. Riebesell. (24.)

Mathematik und Biologie. Von M. Schips. (Bd. 42.)

Mathematik und Malerei. 2 Teile in 1 Bande. Von G. Wolff. (Bd. 20/21.)

Der Goldene Schnitt. Von H. E. Timerding. (Bd. 32.)

Beispiele zur Geschichte der Mathematik. Von A. Witting und M. Gebhard. (Bd. 15.)

Mathematiker-Anekdoten. Von W. Ahrens. 2. Aufl. (Bd. 18.)

Die Quadratur d. Kreises. Von E. Beutel. 2. Aufl. (Bd. 12.)

Wo steckt der Fehler? Von W. Lietzmann und V. Trier. 2. Aufl. (Bd. 10.)

Geheimnisse der Rechenkünstler. Von Ph. Maennchen. 2. Aufl. (Bd. 13.)

Riesen und Zwerge im Zahlenreiche. Von W. Lietzmann. 2. Aufl. (Bd. 25.)

Die mathematischen Grundlagen der Lebensversicherung. Von H. Schütze. (Bd. 46.)

Die Fallgesetze. Von H. E. Timerding. 2. Aufl. (Bd. 5.)

Atom- und Quantentheorie. Von P. Kirchberger. (Bd. 44/45.)

Ionentheorie. Von P. Bräuer. (Bd. 38.)

Das Relativitätsprinzip. Leichtfaßlich entwickelt von A. Angersbach. (Bd. 39.)

Dreht sich die Erde? Von W. Brunner. (17.)

Theorie der Planetenbewegung. Von P. Meth. 2., umg. Aufl. (Bd. 8.)

Beobachtung d. Himmels mit einfach. Instrumenten. Von Fr. Rusch. 2. Aufl. (Bd.14.)

Mathem. Streifzüge durch die Geschichte der Astronomie. Von P. Kirchberger. (Bd. 40.)

In Vorbereitung bzw. unter der Presse*: Doehlemann, Mathematik und Architektur.
*Kerst, Einführ. in d. Planimetrie. Winkelmann, Der Kreisel. Wolff, Feldmess. u. Höhenmessen

Verlag von B. G. Teubner in Leipzig und Berlin

Umstehend das Bildnis von Berzelius

MATHEMATISCH-PHYSIKALISCHE
BIBLIOTHEK

HERAUSGEGEBEN VON W. LIETZMANN UND A. WITTING

===== 44 =====

ATOM- UND QUANTENTHEORIE

I. ATOMTHEORIE

VON

Prof. Dr. PAUL KIRCHBERGER

MIT 5 FIGUREN IM TEXT

1922
Springer Fachmedien Wiesbaden GmbH

ISBN 978-3-663-15655-0   ISBN 978-3-663-16231-5 (eBook)
DOI 10.1007/978-3-663-16231-5

SCHUTZFORMEL FÜR DIE VEREINIGTEN STAATEN VON AMERIKA:
COPYRIGHT 1922 BY SPRINGER FACHMEDIEN WIESBADEN

Ursprünglich erschienen bei B. G. Teubner in Leipzing 1922.

ALLE RECHTE,
EINSCHLIESSLICH DES ÜBERSETZUNGSRECHTS, VORBEHALTEN.

VORWORT

Die erstaunlichen Fortschritte, die die Atomtheorie in den letzten 25 Jahren gemacht hat, haben in weiten Kreisen das Bedürfnis nach einer möglichst allgemein verständlichen und kurz gehaltenen Zusammenfassung geweckt. Es fehlt auch keineswegs an trefflichen populären Darstellungen unseres Themas.

Im Gegensatz zu anderen Schriften geht die vorliegende von einem historischen Grundgedanken aus; sie sucht aus den älteren Theorien die neueren von innen heraus entstehen zu lassen, wobei die zuerst zusammengedrängte Darstellung allmählich etwas ausführlicher wird.

Das unsterbliche Verdienst Niels Bohrs ist es, die Atomtheorie in unauflösliche Verbindung mit der Quantentheorie gebracht zu haben. Unsere Schrift trägt dem äußerlich dadurch Rechnung, daß die beiden Bändchen über Atomtheorie und Quantentheorie den gemeinsamen Obertitel: „Atom- und Quantentheorie" führen. Unbeschadet der selbständigen Abrundung jedes dieser Bändchen bilden sie ein zusammengehöriges, innerlich verbundenes Ganzes. v. Laues Entdeckung der Röntgeninterferenzen, die vielleicht mancher Leser im vorliegenden Bändchen vermißt, wird in der „Quantentheorie" behandelt werden, die gleichzeitig erscheinen wird.

Der durch den sehr niedrigen Preis bedingte und gerechtfertigte geringe Umfang der Bändchen dieser Sammlung gestattet naturgemäß die Behandlung eines so ungemein weitschichtigen und weitverzweigten Themas nur in knappstem Umriß. Manche an sich verständlichen Wünsche des Lesers sowohl wie des Verfassers müssen notgedrungen zurückstehen. Leser, die eine ausführlichere, auch die philosophischen Gesichtspunkte beachtende Darstellung wünschen, darf ich auf mein kürzlich erschienenes Buch[1]) über den gleichen Gegenstand hinweisen.

---

1) Die Entwicklung der Atomtheorie, gemeinverständlich dargestellt. 260 und X Seiten. Mit 26 Abbildungen und 9 Bildnistafeln. C. F. Müllersche Hofbuchhandlung, Karlsruhe 1922.

Berlin-Nikolassee, Februar 1922.

Paul Kirchberger.

INHALT

Seite

1. Der Atomismus in der anorganischen Chemie 1
2. Der Atomismus in der organischen Chemie. 5
3. Das periodische System der Elemente 10
4. Die kinetischen Theorien der Physik 16
5. Der Atomismus der Elektrizität 22
6. Radioaktivität 29
   a) Grundtatsachen 29
   b) α-Strahlen und Atommodell 44

1. DER ATOMISMUS IN DER ANORGANISCHEN CHEMIE

Als zu Beginn des 17. Jahrhs. das abendländische Denken aus mittelalterlicher Enge erwachte und die fast vergessene Atomtheorie des Altertums aus dem Dunkel hervorzog, da waren es nicht mehr die Philosophen, sondern überwiegend die Naturforscher, die sich des lange verschollenen Kindes aus hellenischem Altertum annahmen. Zwar der Wiedererwecker des Atomismus, Gassendi, ging von philosophischen Interessen aus, aber sein Erbe traten die Physiker an. Bei Robert Boyle erhielt die Lehre zum ersten Mal eine physikalisch greifbare Gestalt, durch John Dalton wurde sie auf eine von der philosophischen Spekulation des Altertums ganz verschiedene empirische Grundlage gestellt, und seitdem ist sie das unverrückbare Fundament der Chemie.

Die Geschichte der so fundamentalen Daltonschen Gedankengänge ist lange Zeit hindurch unrichtig dargestellt worden. Es war keineswegs so, daß er für die von ihm empirisch gefundenen Gesetze der quantitativen Zusammensetzung chemischer Verbindungen nach einer plausibeln Erklärung gesucht und sich diese ihm in der Atomtheorie geboten hätte. Diese war ihm vielmehr feststehende Voraussetzung und Leitfaden für die empirische Forschung. Sein großer Gedanke war es, daß, wenn die Stoffe aus letzten Teilchen bestehen, die bei chemischen Umsetzungen unverändert bleiben, sich dies auch in dem Anteil, den die einzelnen Stoffe an einer Verbindung nähmen, wiederspiegeln müsse.

Es sind die folgenden Sätze, die einerseits ganz unmittelbar aus den atomistischen Vorstellungen hervorgehen, andrerseits glänzend durch die empirische Forschung bestätigt sind:

1. Das Gesetz der konstanten Proportionen: *Elemente verbinden sich nur in ganz bestimmten Gewichtsverhältnissen zu einer Verbindung.* Die quantitative Zusammensetzung einer chemischen Verbindung hängt also von keinerlei äußeren Umständen, etwa der Menge der bei ihrer Bildung gerade

anwesenden Bestandteile, Temperatur und Druckbedingungen usw., sondern ganz ausschließlich von der Natur der Verbindung ab.

2. Das Gesetz der multiplen Proportionen: *Verbindet sich ein Element mit einem zweiten zu mehreren verschiedenen Verbindungen, so ist das eine Gewichtsverhältnis ein Vielfaches des Andern.* Dabei muß die Menge eines Bestandteils auf einen anderen bezogen werden, darf also nicht etwa in Prozentteilen des Ganzen angegeben werden. So kommen im Stickoxydul auf 28 Teile Stickstoff 16 Teile Sauerstoff, im Stickoxyd auf 28 Teile Stickstoff 32 Teile Sauerstoff (bez. 7 : 4 und 7 : 8). Die Verhältnisse können auch Vielfache eines nicht vorkommenden Verhältnisses sein. So verbinden sich Eisen und Sauerstoff in den Gewichtsverhältnissen 7 : 2 und 7 : 3 miteinander, während 7 : 1 nicht vorkommt.

3. Das Gesetz der fortlaufenden Proportionen: *Zwei Elemente verbinden sich untereinander in denselben Gewichtsverhältnissen, in denen sie sich mit dritten verbinden, oder in einem Vielfachen davon.* Nach modernen Bestimmungen verbinden sich Sauerstoff mit Wasserstoff im Verhältnis 1000 : 126 oder 4000 : 504, Schwefel mit Wasserstoff im Verhältnis 8015 : 504 und Sauerstoff mit Schwefel im Verhältnis 8000 : 8015[1]).

Einfachheit halber ist der Wortlaut dieser Sätze so gefaßt, als ob eine Verbindung immer nur aus zwei Elementen bestehen müsse. Tatsächlich gelten sie ganz allgemein. Sie ermöglichen die Aufstellung der bekannten „Verbindungsgewichte", für deren Einheit Dalton das des Wasserstoffs = 1 setzte.

Wir müssen hier eine Schwierigkeit erwähnen, die häufig zwar nicht ganz übersehen, aber doch nicht mit dem Nachdruck betont wird, der gleichzeitig ihrer sachlichen Bedeutung und ihrer historischen Rolle entspricht, nämlich den Unterschied zwischen Verbindungs- und Atomgewichten. Ergibt die Analyse, daß im Wasser dem Gewichte nach 8 mal

---

1) Leider wird dieser Satz in elementaren Lehrbüchern der Chemie nicht immer als besonderes Gesetz aufgeführt, sodaß nur von konstanten und multiplen Proportionen gesprochen wird. Seine vollständige Unabhängigkeit von den beiden ersten Sätzen liegt aber auf der Hand.

so viel Sauerstoff als Wasserstoff vorhanden ist, so kann dieser Tatbestand durch die Wahl der Verbindungsgewichte $H = 1$ $O = 8$ und die Formel HO genau so gut wiedergegeben werden, als in der jetzt gültigen Weise durch $H = 1$ $O = 16$ und die Formel H_2O. Man kann auch nicht sagen, daß die letztere Festsetzung einfacher wäre. Im Gegenteil, die Auffassung, daß es nur auf richtige Wiedergabe des Analysenergebnisses und Einfachheit der chemischen Formeln ankomme und demnach eine tiefergehende Untersuchung unserer Frage unnötig sei, hat sich mehrere Jahrzehnte hindurch als schwerer Hemmschuh der Entwicklung der Atomtheorie erwiesen. In der Tat haben die hiermit zusammenhängenden Probleme Generationen hindurch den größten Chemikern unüberwindliche Schwierigkeiten bereitet.

Der Grund, weshalb die Entscheidung in dem bekannten Sinn getroffen wird, ist nicht die chemische Analyse. Etwa gleichzeitig mit Dalton hatte Gay-Lussac die Volumverhältnisse untersucht, unter denen sich Gase miteinander verbinden. Er fand sie von überraschender Einfachheit; zwei Raumteile Wasserstoff verbinden sich mit einem Raumteile Sauerstoff zu Wasserdampf, der unter gleichen Druck- und Temperaturverhältnissen wiederum zwei Raumteile einnimmt. Alle von Gay-Lussac untersuchten Gasverbindungen zeigten ähnlich einfache Volumverhältnisse, und dies bestimmte Avogadro zur Aufstellung seiner berühmten Hypothese: Unter gleichen Druck- und Temperaturverhältnissen haben alle Gase in gleichem Raum die gleiche Zahl von Molekeln. Wie man sieht, setzt der Satz die genaue Unterscheidung von Atom und Molekel voraus, deren allgemeine Anerkennung erst ein halbes Jahrhundert nach Avogadro erfolgte. Nunmehr kann man aus dem doppelten Raum, den der Wasserstoff im Verhältnis zu dem sich mit ihm verbindenden Sauerstoff einnimmt, auf die doppelte Molekelzahl schließen, und auch für die Anzahl der Atome in der Molekel ergeben sich wichtige Schlüsse. Ist die Avogadrosche Hypothese richtig, so muß die Molekel des Sauerstoffs aus zwei oder wenigstens einer geraden Anzahl von Atomen bestehen, weil er sich sonst nicht bei der Bildung des Wassers auf das doppelte seines Volumens ausdehnen könnte. Denn denken wir uns den Vorgang der Wasserbildung rückgängig gemacht, so würde der elementare Sauerstoff die Hälfte des Raumes einnehmen, den der Wasserdampf beansprucht. Im Element steht einem Atom nur die Hälfte des Raumes wie in der Verbindung zur Verfügung. Da nach dem Avogadroschen Satz alle Molekeln den gleichen Raum einnehmen, so muß sich also die Anzahl der Atome in der Molekel verdoppelt haben. Beim Wasserstoff wird man noch die Bildung des Ammoniaks aus zwei Teilen Stickstoff und drei Teilen Wasserstoff zu zwei Teilen Ammoniak berücksichtigen, die auch, wie ein entsprechender Schluß zeigt, für die Wasserstoffmolekel eine gerade Anzahl von Atomen (für die Ammoniakmolekel eine durch 3 teilbare Anzahl) notwendig macht, und indem so für jedes Element die Gesamtheit seiner Verbindungen berücksichtigt wird, gelingt es, immer bestimmtere Anhaltspunkte für die in einer Molekel anzunehmende Atomzahl und damit für das Atomgewicht zu erhalten.

Die Bestimmung der Atomgewichte durch Analyse, auch die Ausbildung analytischer Methoden zu diesem Zweck ist das außerordentliche Verdienst von Jakob Berzelius. Auf seiner Arbeit beruht die ganze heutige Chemie. Auch die oben geschilderte Schwierigkeit erkannte er klar. Da er den Avogadroschen Satz nicht kannte, so fehlte ihm auch das wichtigste Mittel zu ihrer Überwindung. Zur Festsetzung der anzunehmenden Atomgewichte sah er sich auf ein gewisses Tasten angewiesen; so nahm er z. B., natürlich unter entsprechender Abänderung der heute anerkannten Formeln, für die Alkalimetalle zuerst das vierfache, dann das doppelte des heute gültigen Wertes an. Maßgebend für ihn waren außer den Gasgesetzen Gay-Lussacs gewisse Rücksichten auf die Analogie ähnlicher Elemente, und ein feiner wissenschaftlicher Takt hieß ihn in fast allen Fällen das Richtige finden.

Indessen sollte sich bald zeigen, daß diese Methode auf die Dauer nicht genügen konnte. Die Atomgewichtsfestsetzungen von Berzelius fanden Widerspruch, eine wachsende Zahl von Chemikern glaubte, in einfacherer Weise die quantitative Zusammensetzung der Stoffe beschreiben zu können und sah auch in der Ermöglichung dieser Beschreibung die einzige Aufgabe des Atomismus. In Deutschland war namentlich L. Gmelin der Führer dieser Richtung. Mochte er auch als Chemiker Berzelius nicht ebenbürtig sein, so besaß er doch durch seine epochemachenden und unentbehrlichen Lehrbücher großen Einfluß. Die Gmelinsche Schule setzte, um nur eins zu erwähnen, das Atomgewicht des Sauerstoffs nur gleich dem Achtfachen von dem des Wasserstoffs und nahm demnach die Formel für Wasser als HO an. Auch eine Anzahl anderer Atomgewichte war Berzelius gegenüber halbiert. Der Satz von Avogadro war um jene Zeit in völlige Vergessenheit geraten, auch der uns heute so geläufige Unterschied von Atom und Molekel war keineswegs scharf erfaßt. Da nun namentlich infolge des schnellen Wachstums der organischen Chemie die Anzahl der durch Formeln zu beschreibenden Verbindungen immer mehr anwuchs und auch dabei, wie wir gleich sehen, der ungelösten Schwierigkeiten im Formelsystem der organischen Verbindungen ohnehin genug waren, so wurde infolge der Unsicherheit der Atomgewichte die Verwirrung immer größer, die schließlich fast an die babylonische Sprachenverwirrung erinnerte.

2. DER ATOMISMUS IN DER ORGANISCHEN CHEMIE

Wohl dir, daß du ein Enkel bist! mag sich der moderne Chemiker, besonders der organische Chemiker zurufen, wenn er der mühelosen Leichtigkeit gedenkt, mit der er sich den Ariadnefaden aneignen kann, der ihn durch das Labyrinth chemischer Verbindungen hindurchleitet. Was die Buchstabenschrift und die Zahlzeichen für den Gedankenaustausch und für die Rechnung bedeuten, das bedeutet dem Chemiker seine Formelsprache! Wie jene Kulturgüter, so verdankt man auch dieses der oft in Vergessenheit geratenen Arbeit dahingeschwundener Generationen. Ist auch an guten Geschichten der Chemie, in wohltuendem Gegensatz zu anderen Naturwissenschaften, kein Mangel, so scheint doch der Weg, der zu den uns nun so selbstverständlichen Errungenschaften führte, vielfach mehr als billig vergessen zu sein.

Zwei grundsätzliche Schwierigkeiten waren es, die der Atomismus zu überwinden hatte, ehe er seine heutige Rolle in der Chemie spielen konnte, nämlich erstens die schon oben erörterte Frage: Wie ist es möglich, unter den mehrfachen, theoretisch sogar unendlich zahlreichen Möglichkeiten, auf Grund der quantitativen Analyse die Atomgewichte festzusetzen, eine Auswahl zu treffen? Und zweitens: Wie können

2. Der Atomismus in der organischen Chemie

wir Kenntnis erlangen über die Art, wie die Atome zu Verbindungen zusammentreten?

Schon das allererste Studium der organischen Chemie zeigte, daß eine außerordentlich große Zahl von Verbindungen dieselbe qualitative und oft auch quantitative Zusammensetzung zeigte, wiewohl ihr chemisches Verhalten gänzlich verschieden war. Es galt, trotz dieser großen Erschwerung, das Verhalten organischer Verbindungen mit den Mitteln des Atomismus zu beschreiben.

Die erste Möglichkeit, von den Verbindungen doch etwas mehr anzugeben als ihre quantitative Zusammensetzung, gab die Erfahrung, daß bestimmte Atomgruppen in einer Reihe von Verbindungen immer wiederkehrten; man nannte sie *Radikale*. Die erste Untersuchung, die die außerordentliche Wichtigkeit dieses Begriffes zeigte, war die von Gay-Lussac über das Cyan von 1811 an. Er fand, daß die Atomgruppe CN, Kohlenstoff-Stickstoff, in vielen Verbindungen auftrete und daß sie sich analog einem Halogen verhalte. Um die Tragweite der Gay-Lussacschen Untersuchungen zu würdigen, bedenke man, daß in jener Zeit die elementare Natur des Chlor keineswegs von allen Chemikern anerkannt war, z. B. von Berzelius noch bestritten wurde. Die zweite Untersuchung, die die Radikaltheorie förderte, ging von den großen deutschen Chemikern Liebig und Wöhler aus und betraf die aus der Benzolsäure hervorgehenden Verbindungen. Sie wiesen i. J. 1834 nach, daß zahlreichen Verbindungen dieser Art als gemeinsamer Bestandteil der Atomkomplex $C_{14}H_{10}O_2$, nach moderner Auffassung C_6H_5CO zukomme, den sie „Benzoyl" nannten. An dritter Stelle ist eine vom Jahre 1837 an beginnende Reihe von Experimentaluntersuchungen zu erwähnen, durch die sich der nachmalig hochberühmte Bunsen die wissenschaftlichen Sporen verdiente, und die sich auf die sog. Kakodylverbindungen erstreckte. Er zeigte, daß sich die Gruppe $C_4H_{12}As_2$, nach heutiger Auffassung C_2H_6As oder noch besser $As(CH_3)_2$ als unveränderlicher Bestandteil vieler Verbindungen darstellt; es gelang ihm, Sauerstoff-, Schwefel-, Selen-, Halogenverbindungen dieses Radikals zu erhalten.

Solche Untersuchungen hatten den Wert des Radikalbegriffes unzweideutig gezeigt. Seine hauptsächlichsten Anhänger waren Berzelius, Wöhler und Liebig. Der Letztere definiert einmal diesen wichtigen Begriff folgendermaßen: „Wir nennen Cyan ein Radikal, weil es 1. der nicht wechselnde Bestandteil einer Reihe von Verbindungen ist, weil es 2. sich in diesen ersetzen läßt durch andere Körper, weil 3. sich in seinen Verbindungen mit einem einfachen Körper dieser letztere ausscheiden und vertreten läßt durch Äquivalente von anderen einfachen Körpern". So große Dienste indeß diese ganze Theorie der Chemie geleistet hat, so neigte sie doch zu einer Überschätzung des Radikalbegriffs, hatte auch keinen rechten Platz zur Erklärung der Veränderungen, die unter Umständen auch an Radikalen vor sich gehen.

So gingen denn namentlich französische Chemiker, Dumas und späterhin Laurent und Gerhard, von einer anderen Grundtatsache aus, nämlich der der Substitution. In organischen Verbindungen läßt sich häufig ein Element durch ein anderes ersetzen, insbesondere spielt die Vertretbarkeit des Wasserstoffs durch Chlor und überhaupt die Halogene eine große Rolle. Ein Streitpunkt war die Frage, inwieweit durch die Substitution die Natur des substituierten Bestandteils geändert sei. Berzelius hielt es für unmöglich, daß so ausgesprochen elektronegative Atome wie Chlor, Sauerstoff usw. diese Natur jemals verleugnen könnten, während dies Laurent behauptete. Überhaupt faßten die französischen Chemiker die Verbindung mehr als einen einheitlichen Typ auf, bei dem es mehr auf Zahl und Anordnung der Atome im Ganzen als auf ihre chemische Natur im Einzelnen ankomme. Für Berzelius hingegen war die elektrochemische dualistische Theorie die Hauptsache, nach ihr müßte sich jede Verbindung aus einem elektropositiven und einem elektronegativen Bestandteil zusammensetzen.

Die Stellung Liebigs und Wöhlers in diesem Streit war eine vermittelnde. Als Berzelius nach der sehr wichtigen Dumasschen Entdeckung der Trichloressigsäure diese für die Substitutionstheorie sehr wertvolle Verbindung auf anderm Wege zu erklären suchte und dabei, um seine Theorie zu retten, zu recht gekünstelten Annahmen griff, lehnte dies Liebig unzweideutig ab. Als aber Dumas die Ansicht aussprach, daß man in den organischen Verbindungen nicht nur Wasserstoff, sondern auch den Sauerstoff und den Stick-

2. Der Atomismus in der organischen Chemie

stoff, sowie, obwohl nur viel schwieriger, auch den Kohlenstoff ersetzen könne, griffen Liebig und Wöhler mit überlegener Ironie in die Debatte ein. Sie veröffentlichten einen pseudonymen französisch geschriebenen Brief, in dem ein Unbekannter mitteilte, es sei ihm gelungen, im essigsauren Mangan nicht nur den Wasserstoff, Sauerstoff und das Mangan, sondern auch den Kohlenstoff Atom für Atom durch Chlor zu ersetzen, und daß nach der unvermeidlichen Dampfdichtebestimmung der erhaltenen Verbindung die Formel $Cl_2 Cl_2 + Cl_8 Cl_6 Cl_6 + $ aq zukomme. (Nach Graebe, Geschichte der organischen Chemie; Springer, Berlin 1920.)

Aus den skizzierten Ansichten von Dumas, Laurent, Gerhardt entwickelte sich, gefördert durch Forschungen von A. W. Hofmann, Wurtz (derselbe, von dem der berüchtigte Satz stammt: La chimie est une science française), die **Kerntheorie** und später die sog. **Typentheorie**, welch letztere namentlich von dem englischen Chemiker Williamson ausgebildet wurde. Sie legte der gesamten organischen Chemie die vier Typen: Wasser H_2O, Wasserstoff H_2, Chlorwasserstoffsäure HCl, Ammoniak NH_3 zugrunde und suchte aus ihnen alle Verbindungen durch Ersatz des Wasserstoffs durch andere Atome oder Radikale abzuleiten. Berühmt waren namentlich Williamsons Untersuchungen über Alkohol und Äther, die er als Wasser auffaßte, in dem H einmal bzw. zweimal durch C_2H_5 ersetzt sei:

$\begin{matrix} H \\ H \end{matrix} O$, $\begin{matrix} C_2H_5 \\ H \end{matrix} O$, $\begin{matrix} C_2H_5 \\ C_2H_5 \end{matrix} O$ Ihr wirklicher Wert beruht allerdings mehr auf dem Nachweis des Zusammenhanges von Alkohol und Äther
Wasser   Alkohol   Äther.   untereinander, als auf dem mit dem Wasser.

So wurden durch gemeinsame experimentelle und theoretische Arbeit vieler hervorragender Chemiker bis etwa zum Ausgang der 50er Jahre des vorigen Jahrhs. die Gedanken vorbereitet, die nicht nur alle bisherigen Theorien in sich aufnehmen konnten, sondern auch weit leistungsfähiger waren als sie alle zusammengenommen, und durch die endlich das lange ersehnte feste Fundament der organischen Chemie geschaffen wurde. Die wesentlichen Neuerungen gingen ungefähr gleichzeitig von Frankland, Couper und Kekulé aus. Der Erstere hat zuerst den Begriff der Valenz oder Wertigkeit ausgesprochen. Wasserstoff, Chlor, Brom, Jod usw. sind einwertig, Sauerstoff, Schwefel, Zinn, Quecksilber sind zweiwertig, d. h. eines ihrer Atome vermag zwei einwertige chemisch zu binden, Stickstoff, Phosphor, Arsen usw. sind in demselben Sinne dreiwertig usf. Die Vierwertigkeit des Kohlenstoffs ist zuerst von Kekulé in allerdings nur knappen Bemerkungen ausgesprochen, er und unabhängig von ihm Couper erkannten, daß diese Vierwertigkeit sich nur aufrecht erhalten lasse, wenn man annimmt, daß seine Valenzen sich gegenseitig binden, wodurch schließlich lange Atomketten entstehen können.

Die schon aus dem Jahre 1859 stammenden Zeichnungen Kekulés unterscheiden sich in nichts Wesentlichem von der bald danach aufgekommenen modernen Schreibweise. Denn die entscheidenden Prinzipien Valenz und Atomverkettung sind dieselben, und auf die äußere Schreibart kommt es nicht an.

$H-C\equiv N$
Blausäure.

Essigsäure

Um die Mitte der 60er Jahre stellte Kekulé seine berühmte Benzolformel auf, nach der diese Verbindung, von der die äußerst zahlreichen aromatischen Verbindungen abstammen, einen sich schließenden Ring von 6 Kohlenstoffatomen bildet, die sich gegenseitig mit abwechselnd einer oder zwei Valenzen binden, und von denen ein jedes demnach noch eine Valenz frei hat, die beim Benzol durch Wasserstoff, bei seinen Deviraten durch andere einwertige Atome oder Radikale gesättigt ist.

Auch für diese Benzolformel gab Kekulé zuerst eine mehr bildliche Darstellung. Die Beweise für ihre Richtigkeit lagen vor allen Dingen darin, daß sie bei mehrfacher Substitution die Anzahl der dann zu erwartenden Isomere richtig voraussagte, nämlich drei bei zwei gleichartigen, ebensoviel bei zwei ungleichartigen, ebensoviel auch bei drei gleichartigen, sechs bei zwei gleichartigen und einem davon verschiedenen Substituenten usw.

Kekulés Benzolformel

Die hier kurz skizzierte Entwicklung der organischen Chemie und die Frage der richtigen Festsetzung der Atomgewichte waren natürlich nichts weniger als voneinander unabhängig; sie bedingten vielmehr einander durchaus. Die 60er Jahre des vorigen Jahrhs. brachten hier wie dort die entscheidende Wendung. Der Atomismus der Chemie war damit zu einem gewissen Abschluß gelangt. Das seitdem ins Ungeheuerliche angewachsene Tatsachenmaterial ließ sich in das Schema der Struktur- und Valenzchemie mühelos einordnen; die Atomgewichte sind seitdem wohl mit immer weiter gehender Genauigkeit neu bestimmt worden; aber eine Unsicherheit in dem früheren Sinne, nämlich einer etwaigen Multiplikation oder Division der Zahlen, ist ausgeschlossen. Ebenso unterliegt die Gültigkeit der Avogadroschen Regel, sowie des Unterschieds in den Begriffen von Atom und Molekel keinem Zweifel mehr. Einen der schönsten Erfolge der Atomtheorie, der nur auf dem so gesicherten Fundament möglich war, bringt der nächste Abschnitt.

3. DAS PERIODISCHE SYSTEM DER ELEMENTE

Ums Jahr 1870 gelang es einem jungen deutschen Gelehrten, Lothar Meyer, im Verein mit dem unabhängig von ihm arbeitenden russischen Chemiker Mendelejeff, eine neue Ära der Atomtheorie heraufzuführen. „Das periodische System der Elemente" dieser beiden Forscher steht auch heute wiederum im Mittelpunkt des wissenschaftlichen Interesses, da wir uns der mehr oder weniger vollständigen Beantwortung der von ihm aufgeworfenen Fragen nähern. Rückblickend auf die in den vorigen Abschnitten behandelten Probleme können wir seine damalige Bedeutung dahin charakterisieren, daß der Begriff der Valenz und die Richtigkeit des Systems der Atomgewichte (dies letztere in der Hauptsache in der Rückkehr von Gmelin zu Berzelius) nunmehr gesichert waren.

Das Prinzip des Systems ist gemeinhin bekannt: Die Elemente werden, nach ihrem Atomgewicht geordnet, in horizontaler Reihe hingeschrieben, nach einer bestimmten Zahl, gewöhnlich nach 7 wird abgebrochen; die folgenden werden in einer neuen Horizontalreihe unter die ersten geschrieben usf. Die auf diese Weise entstehenden Vertikalreihen enthalten die natürlichen Gruppen von Elementen, die sich durch Ähnlichkeit des chemischen Verhaltens auszeichnen, z. T. wie z. B. die Halogene, die Alkalimetalle, die alkalischen Erden als Familien von Elementen schon längst bekannt und anerkannt waren (vgl. Tab. S. 12).

Die Schwierigkeiten des Systems beruhten in folgendem:
1. Es wollte sich für den Wasserstoff als die Grundlage des Ganzen kein rechter Platz finden lassen Er steht außerhalb.

2. Die Perioden sind ungleich lang. Um das System zu retten, mußte eine achte Spalte eingerichtet werden, in die manchmal drei Elemente, nämlich Eisen oder Platinmetalle eingetragen wurden, die jedoch in den meisten Fällen leer bleibt. Noch viel merkwürdiger und, wie wir hinzufügen können, noch heute rätselhaft ist die Tatsache der sog. Halbperioden. Die dritte Periode schließt nicht nach einmaligem, sondern erst nach zweimaligem Durchlaufen des Systems, und ebenso ist es bei den beiden folgenden Perioden. Aber in diesen Fällen zeigt sich doch auch wieder eine gewisse, wenn auch sehr abgeschwächte Ähnlichkeit mit den Elementen der betreffenden Spalte. Äußerlich kann man dies sehr treffend dadurch ausdrücken, daß man die Elemente dieser „Halbperioden" etwas eingerückt in die betreffende Spalte schreibt; in unserem Schema ist dies durch die Stellung der Nummern angedeutet. Die chemischen Tatsachen werden hierdurch unzweifelhaft sehr viel richtiger wiedergegeben, als wenn man, wie dies mitunter auch geschieht, lauter neue Spalten einrichtet, die dann bei den beiden ersten Perioden leer zu bleiben hätten.

3. Im allgemeinen gehören Elemente unmittelbar aufeinanderfolgenden Atomgewichts verschiedenen Spalten an, sie haben demnach, wie wir gleich sehen werden, verschiedene Valenz und verschiedenen chemischen Charakter. Dies trifft jedoch nicht zu für die Elemente der 8. Spalte, wo dreimal je drei Elemente sehr ähnlichen Charakters aufeinanderfolgen, nämlich Eisen, Nickel, Kobalt und zweimal drei Platinmetalle. Dasselbe Verhalten, nur in weit größerem Maßstab, zeigen die sog. „seltenen Erden." Es sind dies 16 Elemente von chemisch nicht sehr ausgeprägtem Charakter, die jedoch untereinander eine sehr große Ähnlichkeit aufweisen. Es macht

DAS PERIODISCHE SYSTEM DER ELEMENTE

Periode	Reihe (Halbperiode)	Edelgase	Gruppe I Alkalimetalle	Gruppe II Alkalische Erden	Gruppe III	Gruppe IV	Gruppe V Stickst.-Gr.	Gruppe VI Sauerst.-Schw.-Gruppe	Gruppe VII Halogene	Gruppe VIII Eisen- und Platinmetalle
I.	1.	2. He=4,001	3. Li=6,94	4. Be=9,1	5. B=11,0	6. C=12,00	7. N=14,0068	8. O=16,00	9. F=19,016	
II.	2.	10. Ne=20,2	11. Na=23,00	12. Mg=24,32	13. Al=27,1	14. Si=28,3	15. P=31,027	16. S=32,06	17. Cl=35,46	
III.	3.	18. A=39,88	19. K=39,097	20. Ca=40,07	21. Sc=45,099	22. Ti=48,1	23. V=51,0	24. Cr=52,0	25. Mn=54,93	26. Fe 27. Co 28. Ni 55,84 58,97 58,68
	4.		29. Cu=63,57	30. Zn=65,37	31. Ga=69,9	32. Ge=72,5	33. As=74,96	34. Se=79,26	35. Br=79,92	
IV.	5.	36. Kr=82,92	37. Rb=85,45	38. Sr=87,63	39. Y=88,7	40. Zr=90,6	41. Nb=93,5	42. Mo=96,0	43. —	44. Ru 45. Rh 46. Pd 101,63 102,9 106,7
	6.		47. Ag=107,88	48. Cd=112,31	49. In=114,8	50. Sn=118,7	51. Sb=120,2	52. Te=127,5	53. J=126,92	
V.	7.	54. X=130,2	55. Cs=132,81	56. Ba=137,37	Seltene Erden	73. Ta=181,80	74. W=184,0	75. —	76. Os 77. Ir 78. Pt 190,9 192,613 195,2
	8.		79. Au=197,2	80. Hg=200,6	81. Tl=204,0	82. Pb=207,2	83. Bi=209,0	84. [Po=210,0]	85. —	
VI.	9.	86. [Em=222,0]	87. —	88. Ra=225,97	89. [Ac=227]	90. Th=232,15	91. [Pa=230]	92. U=238,54		

Seltene Erden

57. La=139,0	58. Ce=140,25	59. Pr=140,6	60. Nd=144,3	61. —	62. Sm=150,4	63. Eu=152,0	64. Gd=157,3
65. Tb=159,2	66. Ds=162,5	67. Ho=163,5	68. Er=167,7	69. Tu I=168,5	70. Jb=173,5	71. Lu=175,0	72. [Tu II=178]

Bedenken gegen das System

NAMEN DER ELEMENTE (Atomgewichte s. Tabelle a. v. S.)

Symb.	Namen	Symb.	Namen	Symb.	Namen
1. H	Wasserstoff	32. Ge	Germanium	63. Eu	Europium
2. He	Helium	33. As	Arsen	64. Gd	Gadolinium
3. Li	Lithium	34. Se	Selen	65. Tb	Terbium
4. Be	Beryllium	35. Br	Brom	66. Ds	Dysprosium
5. B	Bor	36. Kr	Krypton	67. Ho	Holmium
6. C	Kohlenstoff	37. Rb	Rubidium	68. Er	Erbium
7. N	Stickstoff	38. Sr	Strontium	69. Tu I	Thullium I
8. O	Sauerstoff	39. Y	Yttrium	70. Jb	Jtterbium
9. F	Fluor	40. Zr	Zirkonium	71. Lu	Lutetium
10. Ne	Neon	41. Nb	Niob	72. Tull	Thullium II
11. Na	Natrium	42. Mo	Molybdän	73. Ta	Tantal
12. Mg	Magnesium	43 —		74. W	Wolfram
13. Al	Aluminium	44. Ru	Ruthenium	75. —	
14. Si	Silicium	45. Rh	Rhodium	76. Os	Osmium
15. P	Phosphor	46. Pd	Palladium	77. Ir	Iridium
16. S	Schwefel	47. Ag	Silber	78. Pt	Platin
17. Cl	Chlor	48. Cd	Cadmium	79. Au	Gold
18. A	Argon	49. In	Indium	80. Hg	Quecksilber
19. K	Kalium	50. Sn	Zinn	81. Tl	Thallium
20. Ca	Calcium	51. Sb	Antimon	82. Pb	Blei
21. Sc	Skandium	52. Te	Tellur	83. Bi	Wismut
22. Ti	Titan	53. J	Jod	84. Po	Polonium
23. V	Vanadium	54. X	Xenon	85. —	
24. Cr	Chrom	55. Cs	Cäsium	86. Em	Emanation
25. Mn	Mangan	56. Ba	Barium	87. —	
26. Fe	Eisen	57. La	Lanthan	88. Ra	Radium
27. Co	Kobalt	58. Ce	Cer	89. Ac	Aktinium
28. Ni	Nickel	59. Pr	Praseodym	90. Th	Thorium
29. Cu	Kupfer	60. Nd	Neodym	91. Pa	Protaktinium
30. Zn	Zink	61. —		92. U	Uran
31. Ga	Gallium	62. Sm	Samarium		

sich auch hier im System eine eigentümliche Wohnungsnot bemerkbar, indem diese Familie von 16 Gliedern in zwei Kämmerchen, nämlich zwei Plätze des Schemas, eingesperrt werden muß.

4. An einigen Stellen, wie sich neuerdings ergeben hat, im Ganzen viermal, muß ein Element größeren Atomgewichts einem solchen von kleinerem vorangestellt werden, damit jedes Element in die ihm offenbar zukommende Spalte gerät. Zwar handelte es sich hierbei immer nur um auffallend kleine Differenzen, so z. B. bei Tellur und Jod, von denen ersteres mit einem Atomgewicht von 127,5 dem letzteren mit 126,92 vorangestellt werden muß.

Diesen, jetzt auch mehr oder weniger aufgeklärten Schwierigkeiten standen folgende sehr großen Vorzüge gegenüber:

1. In den Spalten erscheinen nicht nur alle bekannten Elementengruppen wie Alkalien, alkalische Erden, Halogene usw., sondern auch innerhalb derselben Spalte zeigt sich durchgehende Regelmäßigkeit, indem mit wachsendem Atomgewicht die metallischen, basischen Eigenschaften, auch die Verwandtschaft zu Sauerstoff zunehmen, dementsprechend die sauren Eigenschaften und die Verwandtschaft zu Wasserstoff abnehmen. So ist das System nicht bloß ein praktisches Ordnungsschema, es hat auch unsere Einsicht in die wahre Natur der chemischen Elemente ganz wesentlich gefördert.

2. Das System zeigt, daß das wesentliche Merkmal bei der Entscheidung über die Ähnlichkeit zweier Elemente deren Valenz ist. Sie ist auch in den Spalten des Systems bei allmählich wechselnden Eigenschaften der Elemente die wirkliche Invariante. Zugleich wird dieser Begriff noch dadurch verschärft, daß uns das System lehrt, die Valenz gegenüber dem Sauerstoff von der gegenüber dem Wasserstoff zu unterscheiden. So ist die Gruppe der Halogene gegenüber dem Sauerstoff siebenwertig, gegenüber dem Wasserstoff einwertig. Schwefel und seine Verwandten sind gegenüber dem Sauerstoff sechswertig, dem Wasserstoff zweiwertig usw., so daß die Summe der beiden Valenzen stets acht ergibt, wobei dem Wasserstoff gegenüber allerdings keine höhere als vier vorkommt. Völlig ausnahmslos gelten diese Sätze freilich nicht. Dies geht schon daraus hervor, daß manche Elemente auch dem Sauerstoff gegenüber mehrere Wertigkeiten haben, wie z. B. Kupfer, Eisen, Quecksilber, Gold usw.

3. Bei Aufstellung des Systems mußten einige Plätze frei gelassen werden, teils weil sonst die folgenden Elemente nicht in die Spalte ihrer natürlichen Verwandten geraten wären, teils weil auch der Fortschritt in den Atomgewichten, über dessen Größe sich allerdings keine feste Regel aufstellen ließ, an jenen Stellen auffallend groß war. So folgte z. B. bei Aufstellung des Systems auf das Zink mit dem Atomgewicht 65,37 das Arsen mit 75,0, während die Differenz sonst gewöhnlich nur 2—3, auch 4 Einheiten beträgt. Mendelejeff erklärte nun nicht nur diesen Umstand mit der Existenz noch unbekannter Elemente, deren er zwischen Zink und

Arsen zwei, zwischen Calium und Titan eins annahm, sondern er wagte es auch, durch Interpolation der bekannten Nachbarelemente der Spalte deren Eigenschaften vorauszusagen. Die drei Elemente wurden später tatsächlich entdeckt, sie erhielten nach dem Vaterland ihrer Entdecker die Namen Gallium (1875), Scandium (1879) und Germanium (1886). Ihre Eigenschaften stimmten auch quantitativ fast genau mit der Vorhersage Mendelejeffs über ein. Es hat aber stets als höchster Triumph einer Theorie gegolten, wenn sie Ergebnisse empirischer Forschung vorherzusagen vermocht hat.

In ungeahnter Vollständigkeit sollte dieser Triumph dem System noch einmal beschieden sein, nämlich bei der Entdeckung der sog. Edelgase. Im Jahre 1892 wagte es Lord Rayleigh, aus der Tatsache, daß der atmosphärische Stickstoff etwas schwerer ist als der aus Verbindungen ausgeschiedene (1 l wiegt 1,2572 gegen 1,2506 g), auf die Existenz bisher unbeachteter Stoffe zu schließen, und bei weiterem Verfolgen dieser Tatsache gelang die Isolierung einiger bis dahin noch unbekannter Elemente, von denen namentlich das Argon als unbemerkte Beimengung des Luftstickstoffs jene Gewichtsdifferenz veranlaßt hatte. Seine Menge beträgt fast 1 v. H. der Luft, es ist also keineswegs ein seltenes Element und war bis dahin nur deshalb übersehen worden, weil es keine einzige chemische Verbindung einging, welche Eigenschaft seine Verwandten Helium, Neon, Krypton und Xenon mit ihm teilten. Es schien zuerst schwer abzusehen, wie die Existenz dieser unvermuteten Elemente mit dem anscheinend geschlossenen periodischen System verträglich sei. Aber die Einordnung zwischen Halogenen und Alkalimetallen gelang trotzdem; es macht dabei nicht viel aus, ob man sie als nullte Spalte vor die Alkalimetalle setzen oder mit den Eisen- und Platinmetallen in der achten Spalte unterbringen will, wo man sie dann von diesen ihnen ganz unähnlichen Metallen durch Ein- oder Ausrücken trennen muß. Auch die Valenz stimmt mit dieser Stellung vortrefflich, da man sie nur als 0 bezeichnen kann, weil keinerlei chemische Verbindungen von ihnen bekannt waren. Ihr Atomgewicht konnte auch nur aus der Dampfdichte auf grund des Avogadroschen Satzes unter der allerdings sehr gut begründeten Voraussetzung ihrer Einatomigkeit bestimmt werden.

4. Das Gewicht des periodischen Systems wurde dadurch noch sehr verstärkt, daß auch die physikalischen Eigenschaften der Elemente, wie etwa ihr Siedepunkt usw., periodisches Verhalten zeigten. Besonders interessant ist das Verhalten des sog. „Atomvolumens", auf das wir indessen Kürze halber nicht näher eingehen können, sowie namentlich das der bekannten „Fraunhoferschen Linien".

Das periodische System legte die Frage nahe, ob man die Atome wirklich als letzte unteilbare Einheiten betrachten dürfe, oder ob nicht hinter ihrer Mannigfaltigkeit eine Urmaterie stecke, aus der sie alle hervorgehen. Die außerordentliche Mannigfaltigkeit der Eigenschaften eines Atoms, besonders der hier übergangenen Spektraleigenschaften ließen einen zusammengesetzten Bau ohnehin als sehr wahrscheinlich vermuten. Auch die Tatsache, daß auffallend viele Atomgewichtszahlen fast genau, ja manchmal sogar ohne bis jetzt nachweisbare Abweichung ganze Zahlen sind, war zunächst völlig rätselhaft. Einige Jahrzehnte lang waren die hiermit zusammenhängenden Fragen Tummelplatz für mehr oder weniger haltlose Spekulationen, bis neuere Forschungsergebnisse, über die wir späterhin berichten werden, ein unerwartetes Licht auch auf diese Probleme warfen.

4. DIE KINETISCHEN THEORIEN DER PHYSIK

In älteren Lehrbüchern der Physik ist von sog. „Imponderabilien" die Rede, welches Wort jetzt nur noch im übertragenen Sinne gebraucht wird. Früher nahm man vier verschiedene „Fluiden", unwägbare Flüssigkeiten, an, durch die die Erscheinungen des Lichts, der Wärme, der Elektrizität und des Magnetismus (für die letzteren beiden sogar je zwei verschiedene, einander entgegengesetzt wirkende) erklärt werden sollten. Diese Vorstellung wurde zuerst beim Licht, dann bei der Wärme aufgegeben und hielt sich am längsten in der Lehre von der Elektrizität und dem Magnetismus. Für uns an dieser Stelle ist besonders wichtig die Auffassung der Wärme.

Die Anschauung, daß Wärme nichts anderes sei als mehr oder minder intensive Bewegung kleinster Teilchen, und daß diese insbesondere bei Gasen in einer durch keinerlei Ruhelage beschränkten frei fortschreitenden Bewegung der kleinsten Teilchen bestehe, ist schon von Daniel Bernoulli im Jahre 1738 aufgestellt worden; sie geriet jedoch über ein Jahrhundert in fast völlige Vergessenheit (Lavoisier und Laplace allerdings behandeln sie neben der Fluidentheorie als gleichberechtigte Hypothese). Erst etwa 120 Jahre nach ihrer ersten Aufstellung wurde die Theorie von den deutschen Physikern Krönig und namentlich Clausius neu begründet, dann von Clerk Maxwell insbesondere durch Anwendung der Wahrscheinlichkeitsrechnung erweitert und schließlich durch Ludwig Boltzmann auf ihre jetzige hohe Vollendung gebracht.

In der Tat, stellen wir uns ein Gas in der beschriebenen Weise vor, so wird uns sofort sein stets vorhandenes Bestreben sich auszudehnen, sowie in andere Gase zu diffundieren, der Mangel an Kohäsionserscheinungen, der Druck auf die Wände des einschließenden Gefäßes u. a. verständlich. Es gelingt auch die quantitative Ableitung der bekannten Gasgesetze über die Abhängigkeit ihres Volumens von Druck und Temperatur, ja sogar der Umstand, daß eben diese Gesetze nicht mit mathematischer Strenge gelten, wird verständlich; denn bei der Ableitung dieser Gesetze werden die Gasmolekeln wie ausdehnungslose Punkte behandelt, eine Annahme, die für alle Gase eine gewisse Abstraktion darstellt und beispielsweise für Dämpfe, d. h. eben erst aus Flüssigkeiten entwickelte Gase sicherlich eine ziemlich bedeutende Abweichung von der Wirklichkeit bedeutet. In der Tat gelten denn auch für diese die Gasgesetze am wenigsten streng.

Daß die physikalischen und chemischen Molekeln identisch sind, erkennt man daraus, daß auch der Avogadrosche Satz aus der kinetischen Gastheorie abgeleitet werden kann. Es läßt sich nämlich zeigen, daß Gase von gleicher Temperatur nur dann gleichen Druck ausüben, wenn beide im gleichen Volumen auch die gleiche Anzahl von Molekeln besitzen. Das heißt nichts anderes, als daß bei Gasen von gleichem Druck und gleicher Temperatur die Gesamtgewichte sich verhalten müssen, wie die Gewichte der einzelnen Molekeln. Eben dieser Satz wird aber auch vom Chemiker zur Feststellung des Molekulargewichts durch Dampfdichtebestimmungen benützt, und er hat sich vorzüglich bewährt. Dies ist aber, wenn man nicht ganz künstliche, willkürliche Annahmen machen will, nur möglich bei Identität der chemischen und der physikalischen Moleküle. Hierfür liefert die kinetische Gastheorie noch weitere Bestätigungen. Es gelang ihr nämlich, einen Satz abzuleiten über das Verhältnis der Wärmemengen, die man einem Gas zuführen muß, wenn bei der Erwärmung sich das einemal das Volumen und das anderemal der Druck nicht ändert, also etwa wenn das Gas das einemal bei der Erwärmung immer unter äußerem Luftdruck gehalten, wobei es sich natürlich ausdehnt, das andere Mal in ein bestimmtes Gefäß eingeschlossen wird, wodurch der Druck bei der Erwärmung natürlich steigen muß. Die in beiden Fällen zu gleicher Temperaturerhöhung benötigten Wärmemengen sind nicht die gleichen, und die kinetische Gastheorie hat den Satz abgeleitet, daß sie sich wie 5:3 verhalten müssen, wenn die Gase einatomig sind, und daß dieses Verhältnis kleiner wird, je mehr Atome die Gasmolekeln haben. Diese Voraussage der Theorie ist experimentell glänzend bestätigt, zuerst durch die Messung von einatomigem Quecksilberdampf durch Kundt und Warburg, dann durch viele ähnliche Versuche. Da die Anzahl der Atome in einer Molekel durch die chemische Theorie bestimmt ist, haben wir hier unzweifelhaft eine Brücke zwischen der physikalischen und chemischen Molekulartheorie.

So kann denn die kinetische Gastheorie ohne Frage als sicher fundiert gelten. Auch die weiteren Stützen, auf denen das auf diesem Fundament errichtete Gebäude ruht, sind vorzüglich geprüft; es gelang nämlich, auf theoretischem Weg aus der kinetischen Theorie heraus die ja meßbaren Größen des Gasdrucks, der Geschwindigkeit der Diffusion, der Wärmeleitung in Gasen usw, nach den Grundsätzen des ganz unzweifelhaft vollkommensten Teiles der Physik, nämlich der Mechanik, abzuleiten, und die Übereinstimmung zwischen Theorie und Versuch war vorzüglich. Dies muß man bedenken, wenn die Resultate der Theorie auf den ersten Augenblick vielleicht sonderbar erscheinen. Es fliegen nämlich die Wasserstoffmolekeln bei gewöhnlicher Temperatur mit einer Geschwindigkeit von etwa 2 km in der Sekunde, also mehr als doppelt so schnell wie die schnellsten Geschosse, schwerere entsprechend langsamer. Ihr Weg ist dabei zickzackförmig, denn jede Molekel prallt fortwährend an andere an, in einer Sekunde mindestens hunderte von Millionen mal, sodaß die „freie Weglänge", d. h. die geradlinig durchflogene

Strecke, trotz der ungeheuren Geschwindigkeit ganz außerordentlich klein ist. Diese Annahmen sind, wie ohne Weiteres einleuchtet, nötig, um z. B. die große Langsamkeit der Diffusion, der Wärmeleitung usw. mit der großen Geschwindigkeit der Gasmolekeln vereinigen zu können.

Hier drängt sich nun eine Frage auf: Ist es möglich, auf diesem Weg auch die *Anzahl der Gasmolekeln zu bestimmen*, die unten gegebenen Druck- und Temperaturverhältnissen ein bestimmtes Gasvolumen erfüllen? Diese Frage hat sich als eine der wichtigsten der ganzen modernen Atomtheorie erwiesen, sie hat immer weitere Teile der Physik mit ihr verknüpft, und sie ist durch die Übereinstimmung der Antworten, die die verschiedensten Gebiete auf sie geben, ein unzweifelhafter Triumph des Atomismus und darüber hinaus der modernen Physik überhaupt.

Der erste, der die erwähnte Frage auf grund der kinetischen Gastheorie zu beantworten suchte, war der österreichische Physiker Josef Loschmidt in seiner 1865 veröffentlichten berühmten Abhandlung: „Zur Größe der Luftmoleküle". Sein Gedankengang fußt hauptsächlich auf Maxwellschen Arbeiten; als neuen Begriff führt er aber in die Gastheorie das Verhältnis des Raumes ein, den ein Stoff in gasförmigem und in flüssigem Zustand einnimmt, er gelangte so als erster zu einer Lösung des obigen Problems, das so auf immer mit seinem Namen verknüpft ist. Hierzu bemerken wir: die Anzahl der Atome in 1,008 g Wasserstoff muß natürlich dieselbe sein wie in 16 g Sauerstoff, 14 g Stickstoff usw. Ebenso groß ist natürlich die Anzahl der Molekeln in 2,016 g Wasserstoff, 32 g Sauerstoff, kurz in derjenigen Menge des Stoffes, deren in g ausgedrücktes Gewicht gleich dem auf $O = 16$ bezogenen Molekulargewicht ist, diese Menge bezeichnet man als „*Mol*". Die so bestimmte Zahl von Atomen und Molekeln nennt man die „*Loschmidtsche*" Zahl. Nach neueren Bestimmungen beträgt sie $60,6 \cdot 10^{22}$, also 606 000 000 000 000 000 000 000. Zwar ergab die Loschmidtsche Bestimmung einen erheblich zu kleinen Wert, was nicht weiter verwunderlich ist, da die ganze kinetische Gastheorie und der Loschmidtsche Ansatz insbesondere mancherlei idealisierende Annahmen machen muß. Als übrigens späterhin van der Waals die alten, eigentlich nur für ideale, d. h. von ihrer Verflüssigung unendlich weit entfernte Gase gültigen Gesetze einer Revision unterzog und eine sog. „Zustandsgleichung" aufstellte, die auch im allgemeinen Fall über den Zusammenhang von Druck, Volumen und Temperatur Auskunft gibt und sich namentlich für Kohlensäure gut bewährte, lieferte die danach verbesserte Loschmidtsche Methode für das letztere Gas einen schon recht brauchbaren Wert.

Die kinetische Gastheorie hatte eine kinetische oder, wie man gewöhnlich sagt, eine mechanische Wärmetheorie zur Folge. Als nun insbesondere seit Robert Mayer die Äquivalenz von Wärme und Arbeit erkannt wurde, setzte sich diese Anschauung allenthalben durch. Ihre größten Erfolge hatte sie auf dem Gebiet der Lösungen. Es gelang nämlich hier zu zeigen, daß Lösungen fremder Stoffe in Flüssigkeiten sich in allem Wesentlichen genau wie Gase verhalten, d. h. daß die einzelnen Teilchen, die mit den chemischen Molekeln identisch sind, sich in der Flüssigkeit ohne irgendwelche Gleichgewichtslage mit einer Geschwindigkeit bewegen, die allein von der Temperatur abhängt. Man kann auch sogar den Druck messen, den sie durch ihre Bewegung ausüben; er entspricht durchaus dem Gasdruck und wird *osmotischer Druck* genannt. Die Erforschung dieses Gebietes verdankt man in erster Linie dem niederländischen Chemiker und Physiker van't Hoff. Für den Chemiker ist diese Theorie deshalb auch von großem praktischen Nutzen, weil die Untersuchung der Lösung ebensowohl einen Schluß auf das Molekulargewicht gestattet wie die Bestimmung der Dampfdichte. Ebenso wie die Dampfdichte ist auch der „osmotische Druck" dem Molekulargewicht proportional, kann also auch zu seiner Bestimmung dienen; die Kenntnis dieses Molekulargewichtes aber braucht der Chemiker notwendig zur Aufstellung seiner Formeln.

Auch für unsere grundsätzlichen Anschauungen über das Wesen chemischer Prozesse waren diese Forschungen von großer Bedeutung, weil ja die meisten chemischen Umwandlungen im flüssigen oder Gaszustand vor sich gehen. Die Vorstellung, daß ein zufälliges Zusammentreffen zweier gasförmiger oder gelöster Molekeln nötig sei, wenn ihre Umwandlung in andere Molekeln erfolgen solle, hat in hohem

Maße befruchtend auf unsere Kenntnis vom Zustandekommen und dem zeitlichen Verlauf chemischer Vorgänge gewirkt. Indem man sich ferner zu der Annahme genötigt sah, daß sowohl in gasförmigem als auch in gelöstem Zustand früher als untrennbar betrachtete Moleküle doch gespalten, wie man sagt „dissoziiert" seien, und indem es gelang, für den Grad, bis zu dem, und die Umstände, unter denen eine solche Dissoziation erfolgt, allgemeine Gesetze aufzustellen, die sich experimentell vorzüglich bewährten, erlangte diese ganze Theorie einen hohen Grad von Sicherheit.

Eine große Rolle in der Geschichte der Atomtheorie spielte die sog. *„Brownsche Bewegung"*, ja, manche Forscher scheinen sogar ihre restlose Aufklärung für den größten unter den zahlreichen Erfolgen unserer Lehre zu halten. — 1827 beobachtete der englische Arzt Brown beim Mikroskopieren, daß ganz kleine in der Flüssigkeit befindliche Teilchen eigentümliche, unregelmäßige, zuckende Bewegungen ausführen. Sie sind seitdem oft beobachtet worden, aber erst in neuerer Zeit gelang es, eine befriedigende Theorie aufzustellen. — Die Bewegungen stammen daher, daß die Stöße, die die in einer Flüssigkeit suspendierten Körperchen von den in Wärmebewegung befindlichen Molekeln erhalten, sich nicht aufheben, sondern die Teilchen bald nach dieser, bald nach jener Seite stoßen; die Brownsche Bewegung wird daher um so lebhafter sein, je energischer sich die Molekeln bewegen, d. h. je höher die Temperatur ist, je geringer die innere Reibung der suspendierenden Flüssigkeit und schließlich, je leichter die Teilchen sind. Aber die Klarlegung dieses Zusammenhangs war keineswegs die einzige Aufgabe der Theorie; es galt vor allem, der experimentellen Forschung die Wege zu weisen, wie sie die mehr oder weniger lebhafte Intensität der Bewegung überhaupt quantitativ verfolgen könne. Infolge ihrer völlig unregelmäßigen Natur, nach der die kleinsten beobachtbaren Teilstrecken nicht geradlinig, sondern gebrochene Linienzüge von nicht mehr einzeln wahrnehmbaren Strecken sind, erscheint die Aufgabe auf den ersten Augenblick sogar unlösbar. Es gelang aber A. Einstein, eine allen diesen Anforderungen genügende Theorie aufzustellen, und diese wurde nun experimentell von Svedberg, Perrin u. a. aufs beste bestätigt.

Die außerordentliche Bedeutung dieses Erfolges liegt darin, daß er eine Möglichkeit zur Bestimmung der Loschmidtschen Zahl liefert, deren Gedankengang mit dem der zahlreichen anderen Bestimmungen dieser Größe nicht die allergeringste Gemeinsamkeit aufweist, die aber nichts destoweniger im Resultat sehr gut mit ihnen übereinstimmt. Der Gedanke ist dabei der, die suspendierten Teilchen sozusagen als Riesen-Molekeln aufzufassen. Sind sie das, dann müssen sie nach den Grundsätzen der kinetischen Theorie durchschnittlich dieselbe kinetische Energie haben, wie die Molekeln auch.

Ihre Geschwindigkeit ist zwar kleiner als die der Molekeln, aber nur deshalb, weil ihre Masse so viel größer ist. Es gelang auf diese Weise, die Masse der Teilchen mit der Masse der Molekeln in Beziehung zu setzen und so die Molekelmasse zu bestimmen. Ist diese aber bekannt, so weiß man natürlich auch, wie viel Molekeln auf ein Gramm, bzw. auf ein Mol gehen, d. h. man kennt die Loschmidtsche Zahl.[1])

5. DER ATOMISMUS DER ELEKTRIZITÄT

Wir kehren zu den Schlußbemerkungen des vorvorigen Abschnittes zurück. In dem Maße, in dem das periodische System der Elemente sich bewährte und Anerkennung fand, mußte sich die Überzeugung, daß die Atome aus einer wie immer beschaffenen Urmaterie zusammengesetzt seien, immer mehr festigen. Jahrzehntelang blieb das Wesen einer solchen Urmaterie völlig rätselhaft, bis schließlich Forschungen über die Natur der Elektrizität Vermutungen nahelegten, die bald eine unerwartete Bestätigung fanden.

Daß nämlich die Elektrizität nicht, wie man früher allgemein annahm, ein stetiges, imponderables Fluidum darstellt, sondern daß auch sie, ähnlich wie die Materie aus diskreten, d. h. von einander getrennten Einheiten, gewissermaßen aus Atomen bestehe, das kann deshalb als unumstößliche Tatsache gelten, weil nicht nur so weit voneinander getrennte Gebiete wie die Elektrolyse und die elektrischen Entladungserscheinungen in verdünnten Gasen notwendig auf dieselbe

---

[1]) Bezüglich aller in diesem Abschnitt behandelten Fragen, für die hier nur sehr wenig Raum zur Verfügung stand, verweise ich auf meine im Vorwort zitierte Schrift.

Vorstellung führen, sondern auch quantitativ dasselbe Einheitsquantum elektrischer Ladung ergeben.

Die Aufstellung der Gesetze der Elektrolyse verdankt man bekanntlich Faraday. Er stellte fest, daß erstens die von einem elektrischen Strom aus einem Elektrolyten ausgeschiedene Stoffmenge der Stromstärke proportional ist, also von der Form des Gefäßes, der Temperatur und namentlich der chemischen Verbindung, in der der abzuscheidende Stoff vorliegt, durchaus unabhängig ist. So scheidet ein Strom von 1 Amp. Stärke in 1 Sek. 0,01046 mg Wasserstoff aus, ganz einerlei, ob es sich um Schwefelsäure, Salzsäure oder eine andere Säure und von was immer für einer Konzentration handelt. Zweitens zeigte Faraday, daß aus chemisch verschiedenen Elektrolyten Stoffmengen ausgeschieden werden, die chemisch einander äquivalent sind. So verhalten sich die Mengen Sauerstoff und Wasserstoff, die derselbe Strom ausscheidet, zueinander wie 8 zu 1,008, Kupfer zu Silber wie 63,57 zu 107,88 usw.

Die einfachste Deutung dieser Tatsachen ist die, daß nicht nur der Strom die Ausscheidung, sondern auch umgekehrt die Ausscheidung den Strom veranlaßt oder vielmehr mit ihm identisch ist. Nach dieser Anschauung wäre der Transport elektrischer Ladung, den wir eben als elektrischen Strom bezeichnen, untrennbar mit dem Transport des Elektrolyten verbunden, der uns als Ausscheidung wahrnehmbar wird. Nach dem zweiten Faradayschen Gesetz muß dann jedes chemische Äquivalent mit der gleichen Elektrizitätsmenge verbunden sein, da sonst keine Proportionalität beobachtet werden könnte. Wir würden auch sagen können: Jedes Atom ist mit derselben Elektrizitätsmenge verbunden, wenn Atomgewicht und Äquivalentgewicht immer übereinstimmten; dies ist aber wegen der verschiedenen Valenz der Atome nicht der Fall. Ein Atom Sauerstoff ist zwei Atomen Wasserstoff äquivalent und dementsprechend mit der doppelten Elektrizitätsmenge verbunden. Wir fragen also nicht nach der Elektrizitätsmenge, die mit einem Atom, sondern nach derjenigen, die mit einem einwertigen Atom verbunden ist. Einem zweiwertigen Atom entspricht dann ein doppeltes, einem dreiwertigen ein dreifaches Quantum usf.

Die Ausrechnung des so definierten Elementarquantums

setzt natürlich die Kenntnis der Loschmidtschen Zahl voraus; denn die elektrischen Methoden lassen nur bestimmen, welcher Strom und demnach welche Elektrizitätsmenge einem Gramm entspricht; wollen wir die auf das einzelne Atom entfallende kennen lernen, so müssen wir durch die auf ein Gramm oder ein Grammatom entfallende Atomzahl dividieren, und dies ist eben die Loschmidtsche Zahl. *Gewöhnlich allerdings benützt man umgekehrt die Kenntnis des elektrischen Elementarquantums, um daraus die Loschmidtsche Zahl zu bestimmen.* Wir wollen hier auf die elektrischen Meßmethoden sowie auf die Wahl der Einheiten nicht eingehen und teilen nur mit, daß das „elektrische Elementarquantum" e eine Größe von etwa

$$4{,}774 \cdot 10^{-10} \text{ elektrostatischen Einheiten}$$

besitzt. Diese Ladung haben wir uns mit jedem einwertigen Atom verbunden zu denken, ein zweiwertiges besitzt die doppelte Ladung usf. — Der Wert ist natürlich ganz außerordentlich klein. Aber wegen der ungeheuren Anzahl der Atome ist die Elektrizitätsmenge, die selbst mit winzigen Mengen von Materie verbunden ist, ganz ungeheuer groß.

Bis hierhin sind für die These von der atomistischen Struktur der Elektrizität keine anderen Gründe geltend gemacht worden, als diejenigen, die den Gesetzen der konstanten und multiplen Proportionen für den Atomismus der Materie entsprachen. Aber wie dort die kinetischen Theorien zu den chemischen eine Reihe höchst wichtiger physikalischer Gründe für die atomistische Auffassung lieferten, so auch hier in der Elektrizitätslehre. Vor allem waren es die Entladungserscheinungen in hoch verdünnten Gasen, die hier einen Umschwung der Anschauung bewirkten. Läßt man einen hochgespannten elektrischen Strom durch ein stark evakuiertes Glasgefäß überspringen, so beobachtet man von der negativen Elektrode, der sog. Kathode, ausgehend, eigentümliche Strahlen, die den Namen „Kathodenstrahlen" erhalten haben. Sie machen sich vor allem durch ihre Fluoreszenzwirkung bemerkbar, indem z. B. Glas farbig, gewöhnlich grün aufleuchtet, wenn es von Kathodenstrahlen getroffen wird. Von diesen Strahlen nun blieb nach langer und gründlicher Untersuchung nichts anderes übrig, als anzunehmen, daß sie aus einer großen Zahl elektrisch geladener Partikelchen bestünden, die mit ganz ungeheurer Geschwindigkeit dahinsausen. Hier erlebt die Newtonsche Emissionstheorie des Lichts, die bekanntlich schon das Licht aus derartig kleinen Körperchen bestehen ließ, eine gewisse Auferstehung. Die elektrisch geladenen Teilchen, die die Träger dieser Strahlen sein sollten, erhielten den Namen Elektronen.

Die Gründe, aus denen man eine materielle Natur dieser Strahlen anzunehmen hat, sind namentlich die folgenden: Beim Auftreffen auf irgend einen Körper üben sie einen Druck aus, den Wellen nicht haben könnten. Sie führen ständig eine elektrische Ladung mit sich, die sie selbst beim Durchdringen dünner Schichten fremder Stoffe nicht verlieren; elektrische Ladung muß man sich aber irgendwie an die Existenz greifbarer Körper gebunden denken. Durch magnetische oder elektrische Kräfte, die senkrecht zu ihrer Bewegung wirken, werden sie genau so aus ihrer Bahn gelenkt, wie dies, elektrischen Grundgesetzen zufolge, bei jedem dahinfliegenden elektrischen Körper der Fall ist, und schließlich wird ihre Geschwindigkeit durch elektrische Felder, die in ihre Bewegungsrichtung fallen, gesteigert. Es ist nicht abzusehen, wie auch nur eine dieser Tatsachen anders als durch materielle Partikel erklärt werden könnte. Aber hiermit ist freilich noch nicht die Möglichkeit gegeben, die Größe der Ladung eines einzelnen solchen Elektrons zu messen. Sie beruht auf der Fähigkeit der Elektronen, die Luft zu ionisieren.

Während feste und flüssige Stoffe ein ganz bestimmtes Leitvermögen für den elektrischen Strom haben, das nur von ihrer chemischen Natur und der Temperatur abhängt, ist das Leitvermögen der Luft und überhaupt der Gase bekanntlich außerordentlich wechselnd. Zwar leitet Luft die Elektrizität unter allen Umständen sehr schlecht, sie „isoliert", aber es stellte sich doch heraus, daß z. B. ein elektrisch geladener Konduktor, eine Leydener Flasche oder ein geladenes Elektroskop auch bei tadellos isolierender Aufstellung oder Aufhängung ihre Ladung langsam verlieren. Man muß nun annehmen, daß dieses Prinzip, das die Luft bald mehr, bald weniger leitfähig macht, auch wiederum atomistische Struktur besitzt, mit anderen Worten, daß es positiv und negativ geladene elektrische Partikel, sog. *Jonen,* sind. Die entscheidenden Gründe für ihre Annahme sind, daß eine durch besondere sog. Jonisierungsmittel" hervorgerufene hohe Leitfähigkeit der Luft alsbald von selbst wieder verschwindet, und daß der zeitliche Ablauf dieses Vorgangs durchaus dem Gesetz entspricht, das für die chemische Vereinigung entgegengesetzt geladener Teilchen gelten würde; ferner daß man die Leitfähigkeit durch starke elektrische Felder sozusagen abfangen kann, daß bei Berührung eines leitenden und eines nicht leitenden Gases die Leitfähigkeit diffundiert usw. Besonders interessant ist auch folgender Umstand: Bei festen und flüssigen Leitern ist nach dem Ohmschen Gesetz die Stromstärke der Spannung proportional; sie kann also durch immer größer werdende Spannung über alles Maß hinaus gesteigert werden. Bei einem Entladungsstrom in Gasen ist dies aber nicht der Fall. Zwar ist auch hier natürlich die Stromstärke von der Spannung abhängig, die sie ausgleichen soll; aber sie läßt sich nicht beliebig steigern, und ihr Maximum hängt von der Wirksamkeit des angewandten Jonisierungsmittels ab. Selbst die stärkste Spannung kann keine andere Wirkung haben, als daß sich unter ihrem Einfluß die Jonen mit immer größerer Geschwindigkeit bewegen. Ist diese aber so groß, daß alle erzeugten Jonen die sie anziehende Elektrode erreichen und so zum Ausgleich der Spannung, zum Strom beitragen, fällt also ein Ausscheiden der Jonen durch Vereinigung entgegengesetzt geladener praktisch nicht mehr ins Gewicht, so wird eine Erhöhung der Spannung keine Verstärkung des Stromes mehr zur Folge haben; diese kann vielmehr nur durch Steigerung der Jonisierung erzielt werden.

Jonisierungsmittel, wie wir sie eben erwähnten, sind Röntgen-, Radium-, ultraviolette Lichtstrahlen, vor allem jedoch Elektronen, die außer durch Kathodenstrahlen auch durch Flammen, glimmendes Holz, glühende Drähte usw. ausgesandt werden. Alle diese Mittel machen also die Luft elektrisch leitend. Die Bildung der Jonen aus den Elektronen haben wir uns offenbar so zu denken, daß diese elektrischen Partikelchen gewöhnliche Luftmolekeln anziehen, sich vielleicht sogar mit einem ganzen Konglomerat solcher Molekeln umgeben und eben dadurch in die gewöhnlichen Jonen übergehen. Die

Entladung eines Konduktors in der Luft müssen wir uns dann so vorstellen, daß dieser die ungleichnamig geladenen Jonen anzieht, wodurch Neutralisierung der Ladung eintritt. Für uns ist der wichtigste Punkt der Umstand, daß bei den Jonen eine genaue Messung des elektrischen Elementarquantums möglich ist und daß der so erhaltene Wert, da ja Jonen aus Elektronen hervorgehen, offenbar auch für Elektronen gültig ist. Die direkte und möglichst genaue Bestimmung dieser wichtigen Größe ist, wie ja auch aus unserer Darlegung hervorgeht, ein Problem von ganz vitaler Bedeutung für die Atomtheorie. Die genaueste Messungsmethode verdankt man, nach vielen Vorarbeiten anderer Forscher, dem amerikanischen Physiker Millikan (Chikago). Sie besteht darin, daß er in stark jonisierter Luft sehr feine Öltröpfchen zwischen die Platten eines elektrischen Kondensators brachte, sie durch seitlich auffallendes Licht hell beleuchtete und durch ein Mikroskop beobachtete. Die Tröpfchen nahmen alsbald eine elektrische Ladung an und dieses beeinflußte ihre Bewegung, die ja nun nicht nur von der Schwere, sondern auch von der elektrischen Anziehung der Kondensatorplatten beeinflußt wurde. Die Platten konnten natürlich mit elektrischen Ladungen verschiedenster Höhe belegt werden, und trotzdem ihr Abstand nur ein Millimeter betrug, konnte dasselbe Tröpfchen bis vier Stunden lang beobachtet werden. Das wichtigste Ergebnis der Versuche war, daß sich zwar die Ladung des Tröpfchens änderte, aber nicht etwa stetig, sondern sprungweise, und die Messung ergab, daß alle beobachteten Ladungen sich als Vielfache derselben Grundladung, nämlich von etwa

$$4{,}774 \cdot 10^{-10} \text{ elektrostatischen Einheiten}$$

darstellte. Ladungen bis zum 17-fachen dieser Elementarladung wurden gemessen, die man sich also durch Vereinigung des Tröpfchens mit 17 Jonen oder wenigstens durch Abgabe der Ladung von diesen Jonen an das Tröpfchen entstanden denken muß. — Das wichtigste Ergebnis dieses Versuches ist der mit aller Sicherheit geführte Nachweis, daß die allerdings unter der Voraussetzung der Kenntnis der Loschmidtschen Zahl geführte elektrolytische Untersuchung einerseits und die Messung der Ladung der Luftionen andrerseits auf dasselbe elektrische Elementarquantum führen. Danach ist der Beweis einer atomistischen Struktur der Elektrizität als erbracht anzusehen.

Wir kehren nun zu den oben besprochenen Kathodenstrahlen zurück. Sie bestehen aus Elektronen, d. h. schnell dahinfliegenden Teilchen, die mit dem „elektrischen Elementarquantum" geladen sind. Von den sehr zahlreichen Versuchen, zu denen sie Veranlassung geben, sind für uns die wichtigsten die Ablenkung durch elektrische und magnetische Kräfte. Läßt man ein durch feine Spalten S und S_1 (vgl. Fig. 1) genau abgegrenztes Strahlenbündel durch

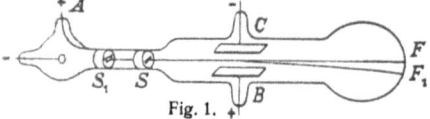
Fig. 1.

einen elektrischen Kondensator mit den Platten hindurchgehen, so beobachtet man, daß der Fluoreszenzfleck verschoben wird, etwa von F nach F_1. Da fliegende elektrische Teilchen wie ein elektrischer Strom wirken, der ja der Anziehung durch einen Magneten unterliegt, so lassen sich ähnliche Versuche auch mit Magneten anstellen. Wenn man nun die Größe der elektrischen und magnetischen ablenkenden Kräfte und andrerseits auch die Größe der Ablenkung selbst kennt, so kann man hieraus, wie dies zuerst Kaufmann getan hat, einerseits die Geschwindigkeit berechnen, mit der die Teilchen fliegen, und andrerseits die Größe der sog. „spezifischen Ladung", d.h. des Verhältnisses $\frac{e}{m}$ von Ladung zu Masse. Hieraus ergab sich nun erstens, daß die Geschwindigkeit der Kathodenstrahlen ganz ungeheuer groß ist, bei sehr hochgetriebener Spannung sogar der des Lichts (300 000 km in der Sekunde) nur wenig nachsteht. Noch merkwürdiger war, daß sich die „spezifische Ladung" als unerwartet groß herausstellte, nämlich etwa gleich 177 000 000, während die Elektrolyse für Wasserstoff 96 494, für alle anderen Jonen entsprechend ihrem größeren m noch kleinere Werte ergibt. Da nach dem Vorigen ein anderer Wert für e nicht angenommen werden kann, denn die Elektronen der Kathodenstrahlen bilden ja Jonen, deren elektrische Ladung nach dem Vorigen unmittelbar bestimmt wird und sich mit der elektrolytisch gefundenen identisch erweist — so folgt, daß die Masse m nur der 1800—1900. Teil eines Wasserstoffatoms ist. Daß die Elektronen keine gewöhnlichen Atome sein können, ist auch schon daraus zu schließen, daß wir sie nur in bewegtem Zustand kennen. Läßt man nämlich Kathodenstrahlen in ein hochevakuiertes Gefäß treten, in dem sie aufgehalten werden, so ist alsdann außer der elektrisch negativen Ladung, die sie hinterlassen, von ihnen nichts mehr zu bemerken. Die Kathodenstrahlen scheinen aus der Kathode zu stammen; aber irgendwelche Abhängigkeit von dem Material der Kathode bemerkt man an ihnen nicht. Es gibt nur eine Art von Elektronen.

Fassen wir das Ergebnis unserer bisherigen Ausführungen zusammen: Die Tatsachen der Chemie, insbesondere der quantitativen Analyse und der organischen Strukturchemie, lassen die Annahmen einer atomistischen Struktur der Materie als ganz unausweichlich erscheinen. Diese wird weiterhin gestützt durch eine große Zahl physikalischer Tatsachen, die nur in den kinetischen Theorien, sei es der Gase oder der Lösungen ihre Erklärung findet. Das periodische System zeigt nun einen innern Zusammenhang der Atome aller Elemente, die demnach keine letzten, voneinander unabhängigen Einheiten sein können. Auf der Suche nach solchen letzten Einheiten stoßen wir auf die Elektronen. Denn erstens sind diese die einzigen Partikel von nachgewiesenermaßen kleinerer Masse als die chemischen Atome, so daß sie als Bausteine der letzteren wohl in Betracht kommen könnten; zweitens scheinen sie, wie die letzten obigen Bemerkungen zeigten, den chemisch verschiedensten Materialien gemeinsam zu sein, und drittens läßt der enge Zusammenhang, der zwischen elektrischen und chemischen Erscheinungen besteht und der sich besonders in den Tatsachen der Elektrolyse zeigt, eine Beteiligung elektrischer Kräfte beim Aufbau der Atome ohnehin als wahrscheinlich annehmen. Indessen mußten solche Gedankengänge als kühne Spekulationen erscheinen, bis eine neue Welt physikalischer Tatsachen entdeckt wurde, die ein ungeahntes Licht auf den innersten Bau der Materie werfen sollte, die Radioaktivität.

6. RADIOAKTIVITÄT

a) Grundtatsachen. Die allbekannten Röntgenstrahlen, die bekanntlich entstehen, wenn Kathodenstrahlen auf einen festen Körper aufprallen, weshalb man diesen auch zu ihrer

Erzeugung eine sog. Antikathode in den Weg stellt, zeigen ihre Existenz bekanntlich durch drei Eigenschaften, nämlich:
1. Sie rufen Fluoreszenzerscheinungen hervor, indem sie z.B. einen Bariumplatinzyanürschirm zum Leuchten bringen.
2. Sie schwärzen die photographische Platte wie gewöhnliches Licht.
3. Sie ionisieren die Luft, machen sie dadurch elektrisch leitend und entladen auf die Weise ein geladenes Elektroskop.

Schon recht bald nach Röntgens Entdeckung gelang es nun Becquerel nachzuweisen, daß eben diese drei Wirkungen auch von einigen Mineralien, besonders uranhaltigen, wie der Pechblende ausgingen; man nahm daher an, daß diese Mineralien ebenfalls Strahlen aussenden, die nach ihrem Entdecker als Becquerelstrahlen bezeichnet wurden. Bei ihrer näheren Untersuchung machte Frau Curie die überraschende Entdeckung, daß manche uranhaltigen Mineralien die ebenerwähnten Eigenschaften, besonders die quantitativ meßbare dritte Eigenschaft, in höherem Grade zeigten als das reine Uran, und indem sie die merkwürdigen Mineralien durch chemische Analyse immer weiter zerlegte und ihr Augenmerk dabei stets auf den Teil richtete, der die „Aktivität" zeigte, gelangte sie schließlich zur Entdeckung eines neuen Elementes, des Radiums, das mehrere Millionen mal stärker aktiv war, als das Ausgangsmaterial. Wie mühselig die Arbeit war, geht allein schon daraus hervor, daß eine Tonne Pechblende nur einige Dezigramm Radiumchlorid liefert. Gleichzeitig wurde mit noch größeren experimentellen Schwierigkeiten ein zweites radioaktives Element abgesondert, das nach dem Vaterland der Frau Curie den Namen „Polonium" erhielt.

Die neuen Entdeckungen erregten sofort das Interesse der wissenschaftlichen Welt, weil die Natur der neuentdeckten Erscheinung ganz rätselhaft blieb, vor allem auch, weil sie einen Widerspruch gegen das Energieprinzip zu enthalten schienen, der nicht so leicht aufzuklären war.

Die experimentelle Untersuchung der Strahlen, deren Verdienst überwiegend Rutherford zufällt, zeigte alsbald, daß es drei verschiedene Arten von Strahlen waren, die vom Radium ausgingen. Unterwarf man sie nämlich der Wirkung eines starken Magneten, so wurde ein Teil sehr wenig, ein zweiter Teil nach der entgegengesetzten Seite und erheblich stärker und ein dritter Teil gar nicht abgelenkt. Man unterschied sie als α-, β- und γ-Strahlen (Fig. 2). Ihre Eigenschaften waren die folgenden:

1. Die α-Strahlen. Aus der Richtung ihrer Ablenkung konnte man schließen, daß sie positiv geladene Teilchen waren. Sie haben von den drei Strahlenarten das geringste Durchdringungs-, dagegen das größte Ionisierungsvermögen.

2. Die β-Strahlen. Sie zeigen negative Ladung, größeres Durchdringungs- und kleineres Ionisierungsvermögen als die α-Strahlen und werden vom Magneten sehr viel stärker aus ihrer Richtung abgelenkt. Während α-Strahlen durch ein Aluminium-Blättchen von einigen Hundertsteln mm Dicke absorbiert werden, können β-Strahlen unter Umständen Schichten bis zu einigen mm Dicke, wenn auch stark abgeschwächt, durchdringen. Befindet sich ein Radiumpräparat in einem dünnwandigen Glasgefäß, so wird sich dieses wegen der Bremsung der α-Strahlen positiv aufladen, während die β-Strahlen es ungehindert durchsetzen und ihre Ladung erst entfernteren Körpern, auf die man sie etwa aufprallen läßt, mitteilen.

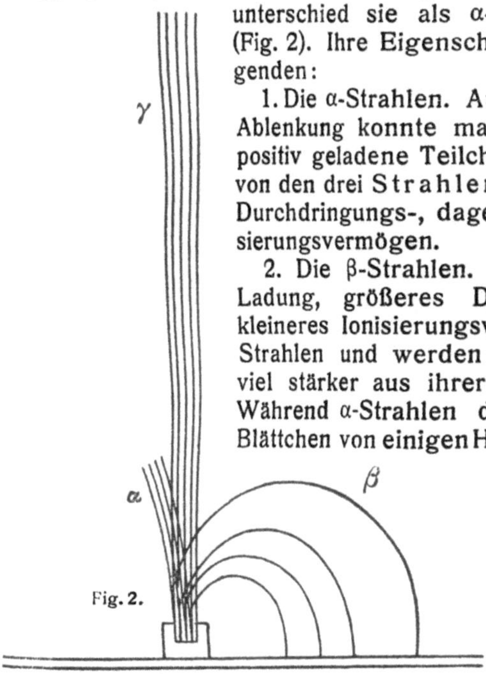

3. Die γ-Strahlen haben das größte Durchdringungsvermögen, lassen sich hingegen in der Richtung ihrer Bewegung weder durch elektrische, noch durch magnetische Kräfte beeinflussen und führen auch keinerlei elektrische Ladung mit.

Es zeigte sich sehr bald, daß keine dieser drei Strahlenarten eine ganz neue Erscheinung in der Physik war, sondern daß sich alle drei unter bereits bekannte Erscheinungen unterordnen ließen.

1. Die γ-Strahlen sind nichts anderes als Röntgenstrahlen.

Fig. 2.

Seit der berühmten Entdeckung v. Laues im Jahre 1912 sind die Mittel zur Untersuchung dieser Strahlen ganz außerordentlich verbessert worden. Man weiß jetzt, daß γ- und Röntgenstrahlen nichts anderes sind als besonders kurzwelliges Licht; von γ-Strahlen sind sogar noch kürzere Wellen bekannt als von Röntgenstrahlen.

2. Die β-Strahlen sind identisch mit den Kathodenstrahlen, bestehen also wie diese aus schnell dahinfliegenden Elektronen. Die Untersuchung ihrer Geschwindigkeit nach den im vorigen Abschnitt besprochenen Methoden hat gezeigt, daß sie Werte von einer Höhe annimmt, die auf dem künstlichen Weg der Kathodenstrahlen nicht erreichbar sind und der Lichtgeschwindigkeit sehr nahe kommen, ohne sie, wie dies auch aus theoretischen Gründen gefordert werden muß, je zu erreichen.

Der Umstand, daß die Kathodenstrahlen die Röntgenstrahlen veranlassen, läßt vermuten, daß auch die β-Strahlen die Ursache der γ-Strahlen sind. Tatsächlich traten bei den zahlreichen radioaktiven Umwandlungen, die uns bekannt geworden sind, β- und γ-Strahlen fast immer zusammen auf, und es kommen niemals γ- ohne gleichzeitige β-Strahlen vor.

3. Die α-Strahlen finden ihre Analogie in den kurz zuvor, nämlich 1898, von Goldstein entdeckten Kanalstrahlen. Goldstein durchbohrte nämlich bei einer sonst wie zu Kathodenstrahlen hergerichteten Versuchsanordnung die Kathode und beobachtete nun in dem rückwärts von ihr gelegenen Raum Strahlen, die von den Kathodenstrahlen vollständig verschieden waren. Sie wurden von elektrischen und magnetischen Kraftfeldern abgelenkt, aber nach der entgegengesetzten Richtung wie die Kathodenstrahlen; auch sonst ließ sich zeigen, daß sie positive Ladung mit sich trugen, ihr Durchdringungsvermögen und ihre Geschwindigkeit waren kleiner als bei den Kathodenstrahlen, maß freilich immer noch nach Tausenden von Kilometern in der Sekunde. Die bemerkenswerteste Eigenschaft der Kanalstrahlen ist jedoch, daß ihre spezifische Ladung, gemessen nach den im vorigen Abschnitt besprochenen Methoden, mit der, die sich auf elektrolytischem Wege für das betreffende Gas der Röhrenfüllung ergab, übereinstimmt. Daraus mußte geschlossen werden, daß die Kanalstrahlen aus dahinfliegenden Gasteil-

chen bestehen. Mit diesen Kanalstrahlen stimmten also die α-Teilchen des Radiums in allen wesentlichen Punkten überein; ihre Geschwindigkeit ergab sich zu etwa 16500 km in der Sekunde.

Eine sehr merkwürdige Eigenschaft war ferner die sog. „induzierte Aktivität". Es stellte sich nämlich heraus, daß alle mit Radium in Berührung oder auch nur in seiner Nähe gewesenen Gegenstände eine schwache Aktivität zeigten. Da das Auftreten dieser induzierten Aktivität schon durch die dünnsten Scheidewände verhindert wurde, so ließ sich bald zeigen, daß sie von einem Gas stammte, das sich aus dem Radium ständig neu entwickelt, und das daher den Namen „Radiumemanation" erhielt. — Für radioaktive Untersuchungen ist die induzierte Aktivität äußerst lästig. Sollen nämlich stark und schwach aktive Präparate nacheinander untersucht werden, so zeigt sich, daß die an den Apparaten, an den Wänden, auch sogar an den Händen der Beobachter und an so unschuldigen Gegenständen wie etwa einem Handtuch anhaftende induzierte Aktivität die Untersuchungsergebnisse bezüglich des schwach aktiven Präparates völlig verfälschen kann. Zur Durchführung solcher Beobachtungen ist daher eine ganz besondere Technik nötig.

Dies etwa waren die wichtigsten Ergebnisse der ersten Experimentaluntersuchungen über das Radium. Sie warfen eine große Fülle neuer und wichtiger Fragen auf, vor allem die nach der Quelle der vom Radium dauernd neu gelieferten Energie. Eine Abnahme der Radioaktivität konnte zunächst nicht festgestellt werden, sie ist in der Zwischenzeit allerdings nachgewiesen; sie ist jedoch so langsam, daß erst nach etwa 1580 Jahren eine Abschwächung auf die Hälfte eintritt. Aber auch so ist die vom Radium gelieferte Energiemenge ganz ungeheuer. 1 g liefert, falls man alle Strahlen sich in Wärme verwandeln läßt, in der Stunde etwa 130 Kalorien, im Jahr bereits über eine Million und ist somit unvergleichlich mächtiger als alle uns bekannten chemischen Umsetzungen.

Um chemische Umsetzungen konnte es sich bei den radioaktiven Erscheinungen nicht handeln. Dafür waren die Energieumsetzungen zu groß; sie waren ferner von der Temperatur ganz unabhängig, ihre Intensität änderte sich nicht,

mochte man sie nun mit flüssiger Luft kühlen oder bis zu
Rot- oder Weißglut erhitzen, während bekanntlich chemische
Umsetzungen die stärkste Abhängigkeit von der Temperatur
zeigen. Auch sind Strahlungserscheinungen der eben beschriebenen Art bei allen anderen chemischen Umsetzungen
ganz unbekannt; vor allem aber: nach dem ganzen Verhalten
des Radiums, seinem Spektrum, seiner Einordnung in das
periodische System usw. war an seiner Natur als Element
nicht zu zweifeln; die Aktivität zeigte sich aber von der
chemischen Verbindung, in der das Element vorlag, gänzlich unabhängig, was natürlich bei chemischen Vorgängen
nicht möglich gewesen wäre. Das vom Radium Gesagte gilt
für alle radioaktiven Umwandlungen, namentlich auch für das
zuerst genauer untersuchte Polonium. Es war also, sollte
das Energiegesetz nicht geopfert werden, notwendig, sich
nach einer anderen Energiequelle für die rätselhaften Vorgänge umzusehen.

Die Antwort, die die von Rutherford und Soddy 1902
aufgestellte ungemein kühne Theorie auf diese Fragen gab,
sollte tiefer in das Wesen des Atomismus eingreifen, als irgendein anderer Gedanke seit Dalton. Rutherford behauptete nämlich, daß die beobachteten Erscheinungen nichts
anderes als einen *freiwilligen Zerfall des Atoms darstellten*.
Das Atom erweist sich hiernach als ein sehr kompliziertes
System, in dessen Innern eine ganz enorme Energie aufgespeichert ist, die beim Zerfall des Systems frei wird und sich
eben in den beobachteten Strahlen äußert. Als Bausteine
des Atoms erschienen zunächst die Elektronen, die ja in den
β-Strahlen beobachtet wurden, und deren Auftreten bei den
Kathodenstrahlen nunmehr auch verständlich erschien. Die
positiv geladenen α-Strahlen zeigten, daß sich im Innern des
Atoms auch positive Ladungen befinden müssen, die gleichfalls durch den Atomzerfall freigemacht werden. Es müssen
ja auch Ladungen von beiderlei Vorzeichen angenommen
werden, damit das Atom nach außen hin neutral erscheinen
kann. Dann aber ist auch wieder die Annahme einer hohen
kinetischen Energie erforderlich; es wäre sonst nämlich unverständlich, warum die entgegengesetzten, ungleichnamigen
Ladungen nicht ihrer Anziehung folgen und sich durch Neutralisation gegenseitig vernichten.

Die außerordentliche Leistungsfähigkeit der Rutherfordschen Theorie zeigte sich vor allen Dingen darin, daß sie den zeitlichen Verlauf der radioaktiven Erscheinungen der mathematischen Berechnung unterwarf. Die grundlegende Behauptung Rutherfords ist die, daß der Bruchteil aller vorhandenen Atome, der in einer bestimmten Zeiteinheit, etwa in einer Sekunde oder in einem Tag, zerfällt, eine für das betreffende radioaktive Element wesentliche Konstante und daß demnach die Intensität des Zerfalls, die ja in den meisten Fällen die einzig beobachtbare Größe darstellt, jederzeit der vorhandenen Menge des Elements proportional ist. In der Tat ist der Reichtum der Folgerungen, die sich aus dieser mathematisch so einfachen Grundhypothese ergeben, als ganz erstaunlich zu bezeichnen.

Ist die Zerfallskonstante etwa gleich $\frac{1}{1000}$ in der Sekunde, d. h. zerfällt von je 1000 vorhandenen Atomen in der Sekunde durchschnittlich 1, so würde die Lebensdauer der Substanz 1000 Sekunden betragen, wenn der Zerfall mit gleicher Intensität anhielte. Man bezeichnet diesen reziproken Wert der Zerfallskonstante als „mittlere Lebensdauer". In Wahrheit wird die Intensität wegen der sich ständig verringernden Menge der Substanz auch abnehmen, der Zerfall, wenn er auch relativ zur vorhandenen Menge derselbe bleibt, absolut immer langsamer werden. Zur Charakterisierung seines Verlaufs gibt man gewöhnlich die „Halbwertszeit" an, d. i. die Zeit, nach der nur noch die Hälfte der ursprünglichen Substanz vorhanden ist. Nach der gleichen Zeit ist dann wiederum nur die Hälfte, also ein Viertel der Ausgangsmenge vorhanden usf. Nimmt man bei einer graphischen Darstellung die Zeit als horizontale, die Menge der Substanz als vertikale Achse, so erhält man eine ganz charakteristische Abklingungskurve, die für alle radioaktiven Substanzen, abgesehen von der ungeheuren Verschiedenheit der Konstanten, durchaus dieselbe ist. Diese drei Zahlen, die Zerfallskonstante, die mittlere Lebensdauer und die Halbwertszeit, die mathematisch in einem sehr einfachen Zusammenhang stehen, charakterisieren vor allem die radioaktive Substanz. Denn bei der ungemeinen Empfindlichkeit radioaktiver Methoden können sie in vielen Fällen bestimmt werden, wenn an die Festlegung anderer physikalischer oder chemischer

Konstanten, wie etwa des spezifischen Gewichts, Schmelzpunkts, Atomgewichts, wegen zu geringer Substanzmenge gar nicht zu denken ist. Durch besonders ausgearbeitete Methoden kann man sie auch bei Elementen von so kurzer Lebensdauer bestimmen, daß sich jede andere Messung von selbst verbieten würde.

Nun ist tatsächlich der am Elektroskop gemessene zeitliche Ablauf des Zerfalls nicht immer so einfach, wie es danach scheinen möchte, vielmehr mitunter recht kompliziert. In diesen Fällen nahm Rutherford einfach neue Elemente an, und bestimmte ihre Zerfallskonstante so, daß der von der Theorie erforderte Verlauf mit dem beobachteten zusammenfiel. Die Anzahl der Elemente, deren Annahme so erfordert wurde, war ziemlich beträchtlich. Natürlich konnte es nicht ausbleiben, daß dieses Verfahren Rutherfords Bedenken und selbst Kopfschütteln bei den Chemikern erregte. Seit Jahrzehnten hatte die Entdeckung eines neuen Elements als wissenschaftliches Ereignis ersten Ranges gegolten; nun sollten auf einmal deren Dutzende neu erstehen. Die bisher neu entdeckten Elemente waren theoretisch vom periodischen System und in manchen Fällen, wie z.B. beim Helium, das seinen Namen danach führt, daß es zuerst im Spektrum der Sonne entdeckt wurde, auch sogar spektralanalytisch vorhergesagt worden; von alledem war hier keine Rede. Wir werden sehen, wie glänzend sich das Verfahren Rutherfords trotzdem bewährt hat.

Die Methoden radioaktiver Forschung sind etwa die folgenden: Es wird zunächst möglichst genau die *Intensität der Strahlen* durch ihre Wirkung auf das Elektroskop gemessen. Fallen die Blättchen eines geladenen Elektroskops schnell zusammen, so läßt dies natürlich auf starke Jonisierung der Luft und demgemäß große Intensität des Atomzerfalls schließen. Eine graphische Darstellung in Form einer Kurve versinnbildlicht den zeitlichen Ablauf. Entspricht dieser nun nicht der einfachsten Form des Rutherfordschen Gesetzes, so faßt man den Vorgang als eine Summe verschiedener radioaktiver Umwandlungen auf, und es wird sich nun darum handeln, so viel zerfallende Zwischenglieder anzunehmen, bis die Deutung der gemessenen Intensitätsänderung als Summe dieser verschiedenen Intensitäten nach dem Rutherfordschen Gesetz gelingt. Dabei müssen natürlich vor allem die radioaktiven Konstanten der Zwischenglieder (Zerfallskonstante, Halbwertszeit) möglichst genau bestimmt werden.

Dieses Verfahren würde nun doch recht unbefriedigend sein, wenn diese Zahlen die einzigen charakteristischen Merkmale der verschiedenen radioaktiven Substanzen wären. Das ist aber glücklicherweise nicht der Fall. Vielmehr kann die Intensität des Zerfalls auch direkt bestimmt werden, nämlich durch die größere oder geringere Energie, mit der die fortgeschleuderten Partikel Hindernisse überwinden, die sich ihnen in den Weg stellen. Handelt es sich dabei um α-Strahlen, so genügt zu einem derartigen Hindernis die Luft. Diese Strahlen besitzen nur eine ganz bestimmte *Reichweite*, nach der sie ganz jäh aufhören, und diese Reichweite ist zwar von dem Zustand der Luft, ihrem Druck und ihrer Temperatur durchaus abhängig, aber, diese Größen als gegeben vorausgesetzt, für die jeweilige radioaktive Substanz charakteristisch. Je energischer der Zerfall, desto größer die Reichweite. Wie Geiger 1911 entdeckte, ist der *Logarithmus der Reichweite der Strahlen dem Logarithmus ihrer Zerfallskonstante im Wesentlichen proportional*. Nun gibt es Methoden, selbst sehr schnell zerfallende Substanzen quantitativ zu untersuchen. Handelt es sich beispielsweise um ein Gas, so kann man einen das betreffende Präparat enthaltenden Luftstrom an mehreren Elektroskopen vorbeiführen, und den Unterschied in der Schnelligkeit ihrer Entladung mit der Geschwindigkeit des tragenden Luftstroms vergleichen. Man hat so Halbwertszeiten bis zu 0,002 Sekunden gemessen. Ebenso kann man mit indirekten Methoden auch sehr große Halbwertszeiten bzw. kleine Zerfallskonstanten messen und zwar nach dem Grundsatz des *radioaktiven Gleichgewichts*. Schon bald nach der Entdeckung des Radiums war es aufgefallen, daß das Verhältnis der Mengen, in dem es zu seiner „Muttersubstanz" Uran stand, immer das gleiche war. Der Grund hierfür ist schon eben angedeutet: Nehmen wir an, das „Tochterelement" zerfalle 1000 mal schneller als das Mutterelement, so wird es auch im tausendsten Teil der Menge vorhanden sein. Denn

38   6. Radioaktivität

nur in diesem Fall bildet sich von der Tochtersubstanz so viel, wie andrerseits wieder zerfällt, es herrscht „radioaktives Gleichgewicht", und dieses muß sich, wie wir sahen, von selbst mit größerer oder geringerer Geschwindigkeit wiederherstellen, wenn es gestört ist. Im Falle des Gleichgewichts aber muß das Mengenverhältnis der Substanzen dem Verhältnis ihrer Zerfallskonstanten reziprok sein. Auf diese Weise kann man Zerfallskonstanten bestimmen, die Halbwertszeiten von vielen Jahrmillionen entsprechen. Die Figur 4 (nach Fajans) verdeutlicht den erwähnten Zusammenhang zwischen Reichweite und Halbwertszeit. Bei den durch Kreuzen angegebenen Punkten sind beide Zahlen unabhängig voneinander bestimmt, bei den Strichen hingegen ist mit Hilfe des ja nun hinreichend sichergestellten Satzes aus der jederzeit feststellbaren Reichweite die Halbwertszeit bestimmt.

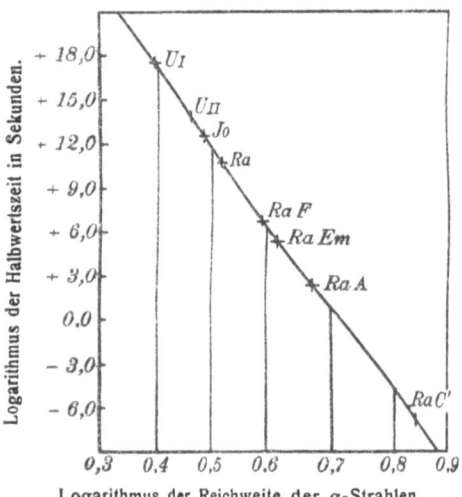

Fig. 4.

Die Halbwertszeiten der bekannten radioaktiven Substanzen bewegen sich zwischen Werten von etwa 10^{-11} Sekunden, die natürlich keineswegs als sichere Resultate gelten können, und 10^{10} Jahren.

Handelt es sich um β-Strahlen, so kann man die letzte Methode allerdings nicht anwenden; man untersucht hier die „*Halbwertsdicke*" in Aluminium, d. h. man gibt die Dicke derjenigen Aluminiumschicht an, nach deren Durchsetzung die Strahlen auf die Hälfte ihrer Intensität herabgesunken sind. Diese Strahlen brechen also, wenn sie aufgehalten werden, nicht wie die Radiumstrahlen in Luft, plötzlich ab, sondern werden nach einem einfachen Gesetz — mathematisch ist es natürlich ein Exponentialgesetz — allmählich schwächer. Bei manchen Verwandlungen treten β-Strahlen verschiedener Durchdringungskraft auf.

Schon in dem der Aufstellung der Rutherfordschen Zerfallstheorie unmittelbar folgenden Jahr gelang es Ramsay, die Tatsache des Atomzerfalls ganz unmittelbar nachzuweisen. Er stellte nämlich auf spektroskopischem Wege in einem Radiumpräparat nach einiger Zeit Helium fest, das sich in dem frischen Präparat nicht befunden hatte. Damit war nicht nur die Tatsache des Atomzerfalls unzweifelhaft dargetan, sondern es ergab sich auch ein weiteres, sehr wichtiges Prüfungsmittel für die Richtigkeit der Theorie im Einzelnen. Das Helium trat nämlich bei allen Umwandlungen auf, bei denen α-Strahlen beteiligt waren, aber auch nur bei diesen, so daß man zu der Überzeugung kam, α-Partikel sind nichts anderes als elektrisch positiv geladene Heliumatome. Das Element Helium, das bis dahin nur wenig Beachtung gefunden hatte und sogar hinter seinem Verwandten, dem häufiger vorkommenden Argon hatte zurückstehen müssen, erlangte dadurch mit einem Schlag eine ungeheure Bedeutung. Unsere obige Bemerkung, daß die α-Strahlen nichts anderes als Kanalstrahlen seien, haben wir nun dahin zu präzisieren, daß es diejenigen Kanalstrahlen sind, die man erhält, wenn man die Füllung der Kathodenröhre mit Helium vornimmt.

Ferner aber ergibt sich folgender höchst wichtige Gesichtspunkt: Wenn der beim Zerfall abgeschleuderte Bruchteil des Atoms wirklich ein Heliumatom ist, so muß natürlich das Atomgewicht der neugebildeten Substanz um das Gewicht des Heliumatoms kleiner sein als das der alten. Die β-Strahlen bestehen, wie wir wissen, aus Elektronen, deren Masse nur den 1800—1900. Teil von der des Wasserstoffatoms beträgt, also bei Atomgewichtsbestimmungen erst die vierte Dezimalstelle beeinflussen würde, d. h. praktisch nicht nachweisbar ist. D. h. β-Strahlen vermindern das Atomgewicht praktisch nicht. Wir sehen aber: Wenn es möglich ist, auf chemischem Weg das Atomgewicht einer radioaktiv gebildeten Substanz festzustellen, so haben wir darin einen äußerst wichtigen Prüfstein für die Richtigkeit der Theorie im Allgemeinen sowohl als auch der jeweils angenommenen Zerfallserscheinungen im Einzelnen. Ist hingegen eine solche Beweisführung wegen zu geringer Menge der betreffenden Substanz nicht möglich, so gibt die nun als richtig angenommene Theorie die Möglichkeit, ein Atomgewicht auch theoretisch zu errechnen. Mitunter mußte der letztere Weg beschritten werden, mitunter war jedoch auch der erste gangbar. Aus alledem ersieht man, daß wir mit hinreichender Sicherheit die Existenz von Elementen behaupten können, die man niemals gesehen, oder doch wenigstens niemals isoliert hat.

Auf diese Weise gelang es schließlich, förmliche Stammbäume der radioaktiven Elemente aufzustellen, und zwar unterschied man ursprünglich drei radioaktive Reihen, die von Uran, Thorium und Aktinium abgeleitet wurden. Neuerdings ist es aber Otto Hahn und Lise Meitner gelungen, durch Auffindung eines neuen Elementes, des „Protaktiniums", den Nachweis zu führen, daß die ganze Aktinium-Reihe eine Seitenkette der Uran-Radiumreihe bildet. Das Uran als Element des höchsten Atomgewichts und „Urahn" der größten Zahl neuer Elemente — der Scherz liegt zu nahe, um übergangen zu werden — hat dadurch eine erhöhte Bedeutung gewonnen. Die beiden nun als unabhängig anerkannten Reihen haben 37 Glieder, wozu von außerhalb stehenden längst bekannten Elementen noch Kalium und Rubidium kommen, die man gleichfalls für schwach radioaktiv hält, so daß es nunmehr im Ganzen 39 radioaktive Elemente gibt.

Die schönste Bestätigung, die die ganze Rutherfordsche Atomtheorie gefunden hat, ist die sog. Verschiebungsregel, die unabhängig von Fajans und von Soddy aufgestellt wurde, und die besagt: *Bei einer α-Strahlung steht das Tochterelement 2 Spalten weiter links im periodischen System als das Mutterelement, bei β-Strahlung hingegen rückt es um eine Spalte weiter nach rechts.* Es geht mit dieser Regel ähnlich wie mit der Bestimmung des Atomgewichts: In der Mehrzahl der Fälle kann zwar ihre Richtigkeit nicht unmittelbar erwiesen werden, weil die Menge der betreffenden Substanz zu gering ist, um chemische Untersuchungen etwa bezüglich der Valenz (Vgl. S. 14) vornehmen zu können. Aber da es sich ja um eine sich lückenlos aneinanderschließende Kette handelt, so genügt es vollauf, wenn die empirische Bestätigung auch nur bei dem einen oder dem andern ihrer Zwischenglieder möglich ist. Diesen so außerordentlich wichtigen Satz haben wir nun nach zwei Richtungen hin weiter zu untersuchen, nämlich nach den Gründen der in ihm ausgesprochenen Tatsache und zweitens nach ihren Folgen.

Was zunächst die Gründe jener merkwürdigen Regel anlangt, so zeigt sich, daß das Atomgewicht nicht, wie man seit Aufstellung des periodischen Systems der Elemente geglaubt hat, entscheidend für den chemischen Charakter eines Elementes sein kann. Denn die Abspaltung eines Elektrons, das ja nur den 1800 bis 1900 ten Teil eines Wasserstoffatoms ausmacht, verändert doch den chemischen Charakter eines Elementes vollkommen. Ein anderes Prinzip als das des Gewichts mußte das im Atom in Wahrheit herrschende sein. Als solches ergab sich natürlich die elektrische Ladung. Sie wird ja durch Fortschleudern eines positiv geladenen α-Partikels um zwei Einheiten verringert, während sie sich bei Verlust eines negativ geladenen Elektrons um eine Einheit erhöht. Daß die elektrische Ladung nicht dem Atom als solchem, sondern vielmehr seinem Kern zugeschrieben werden muß, darüber wird später noch zu sprechen sein. Diese Ladung ist unter allen Umständen ein ganzzahliges Vielfaches des elektrischen Elementarquantums (s. S. 27); da nun offenbar ein ganzzahliges Prinzip, nicht das irrationale Atomgewicht, das entscheidende ist, so sah man sich zur Einführung eines neuen Begriffs veranlaßt, nämlich der sog. *„Atomnummer!"* Zuerst von van den Broek eingeführt, hat sich dieser Begriff außerordentlich bewährt. Wie es gelingt, die Atomnummer unmittelbar zu bestimmen, wird sich später zeigen. Hier nur soviel, daß einige Unregelmäßigkeiten, die das periodische System der Elemente zeigt, wenn man es auf das chemisch bestimmte Atomgewicht gründet, sofort verschwinden, sobald man ihm den Begriff der Atomnummer zugrunde legt. Im ersteren Fall folgen nämlich, wie schon S. 13 erwähnt, Elemente kleineren Atomgewichts auf solche mit größerem, entgegen dem Prinzip des Systems. Geht man aber von der Atomnummer aus, so steigt sie durch das ganze System hindurch von Element zu Element um je eine Einheit. Auch andere, im Anschluß an das System entdeckte Regelmäßigkeiten, wie die S. 16 erwähnte Periodizität des Atomvolumens, ergeben sich ungleich schöner, wenn man sie auf die Atomnummer statt auf das Atomgewicht bezieht.

Wir kommen nun zu den Folgerungen, die sich aus dem Verschiebungsgesetz ergeben. Nehmen wir an, ein Element erleidet eine Umwandlung durch α-Strahlen und alsdann zwei Umwandlungen durch β-Strahlen, wobei es nicht einmal auf die Reihenfolge ankommt. Die α-Umwandlung verschiebt das Element zwei Spalten nach links, die beiden β-Umwandlungen im Ganzen zwei Spalten nach rechts. Wir erhalten also ein Element, das sich vom Ausgangselement um vier Einheiten des Atomgewichts unterscheidet, ihm in seinem chemischen Typus aber gleich sein sollte. Nun lernte man tatsächlich Elemente kennen, auf die diese Charakterisierung zutraf. Ihr Atomgewicht brauchte sich allerdings nicht gerade immer um 4 Einheiten, das Gewicht der α-Partikel, zu unterscheiden; denn es konnte ja auch der Fall eintreten, daß sie aus den beiden verschiedenen radioaktiven Reihen stammten, oder daß ein radioaktives Element auf einen Platz des Systems traf, der schon von einem nicht radioaktiven besetzt war. Solche Elemente nun, die an dieselbe Stelle des periodischen Systems gehören, weil ihnen dieselbe Atomnummer zukommt, nennt man *isotop*. Sie unterscheiden sich voneinander im Allgemeinen nicht durch ihre chemischen Eigenschaften, sondern nur durch ihr verschiedenes radioaktives Verhalten, durch ihr Atomgewicht sowie diejenigen Eigenschaften, die ganz unmittelbar von diesem abhängen, z. B. die Geschwindigkeit der Moleküle bei gegebener Temperatur, falls es sich um ein Gas handelt, die hiervon abhängende Diffusionsgeschwindigkeit u. dergl. Dieser Begriff der Isotopie beantwortete zugleich auch die Frage, wie denn die vielen neuen, von der Theorie der Radioaktivität erforderten Elemente im periodischen System Platz finden können; an derselben Stelle des Systems stehen eben mehrere Elemente, die untereinander „isotop" sind. So hat beispielsweise Blei nicht weniger als 6 Isotope, nämlich Radium B, Radium D und Radium G aus der Uran-Radiumreihe, Aktinium aus der Seitenkette, Thorium B und Thorium D aus der Thoriumreihe, wozu dann noch das gewöhnliche, nicht radioaktive Blei als siebtes dazu kommt. Alle diese Elemente haben dieselben chemischen Eigenschaften, können also auch nicht durch chemische Mittel voneinander getrennt werden.

Dieser Umstand legt eine Frage nahe: Wer bürgt uns nun dafür, daß unsere gewöhnlichen chemischen Elemente nicht auch Isotopengemische sind? Die Konstanz der Atomgewichte würde sich einfach so erklären, daß es sich immer um dasselbe Mischungsverhältnis der Elemente im strengeren Sinne handelt, und das ja, wenn es einmal besteht, durch keinen chemischen Prozeß gestört werden kann. Diese Frage hat eine ungeahnte Bedeutung gewonnen durch Versuche des englischen Physikers Aston, dem es tatsächlich gelang, eine große Zahl bisher für einheitlich gehaltener Elemente als Isotopengemische nachzuweisen und sogar zu trennen. Er führte sie in Kanalstrahlenform über und unterwarf sie ablenkenden elektromagnetischen Kräften, die tatsächlich die leichteren von den schwereren Atomen zu trennen vermochten[1]). Das Ergebnis war im höchsten Maße überraschend. Es stellte sich nämlich nicht nur heraus, daß manche allgemein bekannten Elemente wie Silicium, Chlor, Brom, Quecksilber Isotopengemische sind, und daß Edelgase wie Xenon und Krypton aus fünf, ja sechs solcher Isotopen bestehen, sondern es ergeben sich auch für die neuen Atomgewichte, die den Elementen im strengeren Sinne zukommen, durchgängig ganze Zahlen, beispielsweise für Chlor, dessen chemisches Atomgewicht 35,46 ist, die Atomgewichte 35 und 37 sowie eine Spur von 39. — Nun war es längst aufgefallen, daß eine unverhältnismäßig große Zahl von Elementen nahezu ganzzahlige Atomgewichte besitzt; es entsteht daher die begründete Vermutung, daß dies auf alle Elemente zutrifft und daß dieser Umstand bisher nur verdeckt war, weil man Isotopengemische für einheitlich gehalten hatte. — Eine völlig strenge Ganzzahligkeit ist freilich ausgeschlossen. So ist z. B. für $O = 16$ als Einheit, wie jetzt allgemein üblich, H bekanntlich nicht $= 1$, sondern $= 1{,}008$.

---

1) Auf Einzelheiten der sehr geistreichen Versuchsanordnung kann hier leider nicht eingegangen werden. Ich verweise in erster Linie auf die bekante und treffliche Darstellung von K. Fajans (Sammlung Vieweg Heft 45), die auch bei vorliegender Schrift benutzt ist. Bezüglich der weiteren Konsequenzen darf ich auch auf mein im Vorwort zitiertes Buch verweisen.

Solche kleinen Abweichungen könnten sich indessen auf Grund der Anschauungen der Relativitätstheorie als sog. „relativistische Massenänderung" erklären.

Schon im Jahr 1815 hatte Prout die Hypothese aufgestellt, daß Wasserstoff der Urstoff sei, aus dem alle andern Elemente zusammengesetzt seien. Durch die Untersuchungen Astons ist das schwerste Hindernis dieser Hypothese, nämlich daß die Atomgewichte keine einfachen Vielfachen von dem des Wasserstoffs seien, aus dem Weg geräumt. Freilich kann die Hypothese trotzdem nur in stark veränderter Gestalt wieder aufleben, worauf wir noch zurückzukommen haben.

b) α-Strahlen und Atommodell. Von den drei bei radioaktiven Umwandlungen vorkommenden Strahlenarten sind die α-Strahlen, die aus fortgeschleuderten Heliumatomen bestehen, die merkwürdigsten. Wenn sie auch erheblich langsamer fliegen als die aus Elektronen bestehenden β-Strahlen, so repräsentieren sie doch wegen ihrer mehr als 7000mal mächtigeren Masse die größere Energie. Die charakteristischen Wirkungen des Radiums, besonders die Jonisierung der Luft und die Aufhebung ihrer Isolationsfähigkeit beruht überwiegend auf ihnen.

Wir wollen hier kurz die interessantesten der mit α-Strahlen angestellten Versuche besprechen, nämlich wie man es erreicht hat, einerseits das einzelne α-Teilchen, andrerseits den ganzen α-Strahl unmittelbar sichtbar zu machen. Auf diesen Versuchen beruhen nicht zum wenigsten unsere gegenwärtigen Vorstellungen vom Wesen der Materie überhaupt. — Die Sichtbarmachung des einzelnen α-Teilchens gelingt durch die Methode der *Szintillation*. Manche Kristalle, vor allem die sog. Sidotblende, die aus Zinksulfid besteht, dann Diamant u. a., zeigen unter dem Einfluß eines α-Strahlen aussendenden Präparates ein eigentümliches Aufleuchten. Ist das Präparat hinreichend schwach oder gelingt es durch eine Blende, den größeren Teil der Strahlen abzufangen, sodaß nur ein kleiner Teil den Kristall trifft, so beobachtet man nicht ein stetiges Leuchten, sondern ein diskretes Aufblitzen einzelner Punkte, das man Szintillieren nennt. Jede einzelne Szintillation rührt von einer auftreffenden α-Partikel her; man hat also hier die fast unglaublich scheinende Tatsache zu verzeichnen, daß es gelingt, die

Szintillationen

Wirkung eines einzelnen Atoms wahrnehmbar zu machen. Nun ist freilich die selbst von einem tausendstel Milligramm Radium abgeschleuderte Partikelzahl noch viel zu groß, um gezählt werden zu können. Aber wenn die Größe der Blende sowie ihre Entfernung vom Präparat bekannt ist, gelingt es, sie durch Rückschluß festzustellen. Statt einer Blende kann man auch das genau meßbare Gesichtsfeld des Mikroskops benutzen, durch das man die Szintillationen am besten beobachtet. 1 Milligramm Radium schleudert in jeder Sekunde 34 Millionen Teilchen ab.

Die so bestimmbare Zahl der Szintillationen kann in doppelter Weise benutzt werden. Setzt man die Zahl der Radiumatome pro Gramm als bekannt voraus, und sie ergibt sich ja ohne Weiteres aus der Loschmidtschen Zahl, so kennt man denjenigen Bruchteil der Atome, der in der Sekunde zerfällt, d. h. die Zerfallskonstante des Radiums (vgl. S. 35), aus der sofort die so wichtige Halbwertszeit ergibt. Andrerseits kann man mit Hilfe solcher Versuche auch die Loschmidtsche Zahl selbst festellen. Zu diesem Zweck kann man z. B. die Zahl der Szintillationen mit der elektrischen Ladung vergleichen, die die abgeschleuderten α-Teilchen tragen, wie dies Regener, Rutherford und Geiger u. a. getan haben. Durch Division findet man die Größe des elektrischen Elementarquantums auf einem Weg, der von dem Millikans (S. 27) ganz unabhängig ist. Diese Größe aber hängt mit der Loschmidtschen Zahl in einfacher Weise zusammen (S. 24). Oder man kann die Zahl der Partikel mit der Menge Helium vergleichen, die von ihnen im Laufe langer Zeit gebildet wird, wie dies Rutherford und Boltwood getan haben. Auch dies führt, wie man sofort sieht, zu einer Bestimmung der Loschmidtschen Zahl, und es ist ohne Frage der größte Triumph der ganzen modernen Atomtheorie, daß die verschiedenen Methoden, diese wichtige Größe zu bestimmen, zu ausgezeichnet untereinander übereinstimmenden Werten führen.

Die eben erwähnte Sichtbarmachung der α-Strahlen, die dem Amerikaner C. T. R. Wilson gelang, beruht auf folgendem: α-Strahlen ionisieren die Luft. Die Jonen bilden, wenn feuchte Luft plötzlich abgekühlt wird, die Ansatzpunkte für die sich bildenden Nebeltröpfchen. Von Staubteilchen, die

46　　　　　　　　　6. Radioaktivität

auch als solche Ansetzpunkte dienen können, muß die Luft vorher allerdings sorgfältig gereinigt sein. Wird die ganze Vorrichtung im Dunkeln aufgestellt, im passenden Augenblick durch einen elektrischen Funken erleuchtet und das Ganze photographiert, so gelingt es, genaue Bilder der α-Strahlen zu erhalten. Wir bringen hier eine der berühmten Photographien Wilsons.

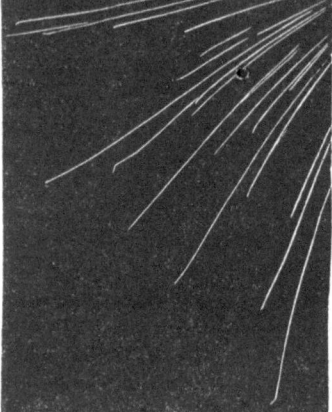

Fig. 5.

Der wichtigste Teil des Bildes sind die mitunter unmittelbar vor ihrem Ende auftretenden scharfen Knicke der Strahlen, die zwar nur an einem kleinen Teil dieser Strahlbilder, an diesen aber mit voller Deutlichkeit sichtbar sind. Sie verraten deutlich eine scharfe Ablenkung des α-Teilchens aus seiner ursprünglichen Richtung. Bei der hohen Geschwindigkeit dieser Teilchen müssen es ganz enorme Kräfte sein, die solche Abbiegung bewirken können, und die Frage nach dem Ursprung dieser sonderbaren Erscheinung schuf das moderne Atommodell.

Rutherford bildete nämlich die Vorstellung aus, daß in diesen Fällen die fliegenden α-Teilchen durch ein Luft- (also Stickstoff- oder Sauerstoff-) Atom hindurchgeflogen seien, und daß die elektrischen Abstoßungskräfte, die der Kern des durchflogenen Atoms auf das Teilchen ausgeübt habe, die Ursache der Knicke seien. Denn da man einerseits die Größe der zu einer solchen Ablenkung erforderlichen Kraft ausrechnen kann, andrerseits die Größe der elektrischen Ladung des Teilchens sowohl als des Atomkerns bekannt ist, so gelangt man bei Ausrechnung der Entfernung zwischen beiden zu Größen, die weit kleiner sind, als sie für das Atom im ganzen angenommen werden können. So gelangte Rutherford zu der Forderung, daß die Ausdehnung der Kerne höchstens gleich 10^{-13} cm angenommen werden dürfe, d. h. als denjenigen Teil eines cm, der durch eine 1 mit 13 Nullen gegeben ist. Zur Veranschaulichung können wir uns folgendes klar machen: Die kleinste mit bloßem Auge noch deutlich wahrnehmbare Strecke dürfte etwa $\frac{1}{10}$ mm betragen. Demnach müßten wir unsere Kerndimension 10^{11}, d. i. hundert Milliarden mal vergrößern, bis sie sichtbar würde. Denken wir uns nun umgekehrt ein Pünktchen von $\frac{1}{10}$ mm Durchmesser ebenso stark vergrößert, so wird es 10000 km groß, eine Strecke, die sich von dem etwas größeren Erddurchmesser nicht erheblich unterscheidet. Der Kern verhält sich also zum Pünktchen, wie dieses zur Erde. Dabei liefert die Rutherfordsche Rechnung durchaus nur Maximalzahlen. Die Möglichkeit, daß der Kern in Wirklichkeit noch viel kleiner ist, kann sie nicht ausschließen.

Das Atommodell gestaltet sich also etwa so: In der Mitte der positiv geladene Kern, der trotz seiner winzigen Ausdehnung fast die Gesamtmasse des Atoms darstellt. Denn die Elektronen, außer ihm die einzigen Bausteine des Atoms, haben ja, wie wir wissen, eine ganz geringfügige Masse, die dem Kern gegenüber gar nicht ins Gewicht fällt. Die elektrisch positive Ladung des Kerns wächst der Atomnummer entsprechend von Atom zu Atom um je eine Einheit. Diese Ladung muß nun durch Elektronen neutralisiert werden; denn nach außen hin wirkt ja das ganze System elektrisch neutral. Wir haben demnach für jede Stelle des periodischen Systems vom Wasserstoff angefangen bis zum Uran je ein Elektron mehr anzunehmen. Natürlich können diese Elektronen sich nicht in Ruhe befinden; sie würden ja dann, der elektrischen Anziehung folgend, in den Kern hineinstürzen, wodurch das Atom als solches zerstört wäre. Das Atom bildet also eine Art Planetensystem, in dem der positive Kern die Sonne, die negativen Elektronen die Planeten vertreten. Die Periodizität der chemischen Eigenschaften der Atome, wie sie ja das System so überzeugend verrät, kann man sich durch folgende Vorstellung, die schon vor Rutherford durch J. J. Thomson geäußert wurde, erklären: Die den Kern umkreisenden Elektronen bilden geschlossene Ringe; maßgebend für die Eigenschaften des Atoms sind die sich außerhalb des äußersten Ringes befindenden Elektronen. Wiederholt sich diese Anzahl nach Schließung eines neuen Ringes, so haben wir Wiederkehr der chemischen Eigenschaften zu erwarten.

6. Radioaktivität

Den Kern muß man sich, etwa mit Ausnahme des Wasserstoffkerns, trotz seiner Kleinheit zusammengesetzt vorstellen; denn die radioaktiven Erscheinungen stammen jedenfalls aus dem Kern, nicht aus der Elektronenhülle. Zu dieser Vorstellung ist man schon aus dem Grunde genötigt, weil ja die α-Strahlen elektrisch positive Ladung zeigen, diese aber nach dem Grundgedanken des ganzen Modells durchaus dem Kern vorbehalten bleiben muß. Auch die Ganzzahligkeit, mit der jedenfalls die elektrische Ladung, und innerhalb gewisser Grenzen unserer oben geäußerten Vermutung zufolge, vielleicht auch die Masse des Kerns fortschreitet, wäre bei Annahme von einander völlig fremder Kerne unverständlich. Schließlich wäre es auch befremdlich, wenn wir zwar die negative Elektrizität auf ein einheitliches Prinzip, die Elektronen, zurückführen könnten, bei Erklärung der positiven aber bei etwa 90, mit Einschluß der Jsotope sogar über 100 verschiedenen Kernen stehen bleiben wollten. Übrigens wird diese Möglichkeit durch ganz direkte Versuche Rutherfords völlig widerlegt. Über die Art und Weise der Zusammensetzung des Kerns wissen wir freilich außerordentlich wenig. Daß er der Sitz einer ungeheuer großen Energie sein muß, zeigen die radioaktiven Erscheinungen, die zudem nur einen kleinen Teil der Kernenergie in Mitleidenschaft ziehen, da die Zertrümmerung immer den weitaus größten Teil des Kerns unbeschädigt läßt.

Auf solche oder ähnliche Vorstellungen vom Bau der Atome führt das Studium der radioaktiven Erscheinungen mit Notwendigkeit. Aber so notwendig sie einerseits sind, so unmöglich sind sie leider auf der anderen Seite, und zwar aus zwei Gründen: Erstens müßte es nach den soeben entwickelten Anschauungen eine beliebige Zahl voneinander verschiedener Atome geben. Der Kern bestimmt ja, vermöge seiner Ladung, die Zahl der ihn umkreisenden Elektronen; denn sie müssen ihn ja gerade neutralisieren; aber er kann nicht ihren Ort festlegen; denn wo sich auch das Elektron befindet, es kann immer den Kern umkreisen. Zwar wird nach dem auch hier geltenden dritten Keplerschen Gesetz die Umlaufszeit durch diese Entfernung geregelt. Aber der Umstand, daß wie jede Planetenentfernung von der Sonne, so auch jede Elektronenentfernung vom Kern möglich sein sollte,

Unzulänglichkeit des Modells

wird dadurch natürlich nicht berührt. Eine solche Vorstellung ist aber mit sehr vielen Erfahrungen, die fest charakterisierte Atome verlangen, völlig unverträglich. Die Spektrallinien z. B. werden sicher vom Atom hervorgerufen. Nun besitzen manche Atome, z. B. die des Eisens, mehrere Tausend solcher Linien, und alle diese sind wohlcharakterisiert und scharf. Wären die Atome nun nicht untereinander völlig identische Gebilde, sondern durch die Entfernung der Elektronen vom Kern voneinander verschieden, so wäre anzunehmen, daß ein Atom auch etwas andere Linien aussendet, wie ein anderes; insgesamt müßten also diese Linien eine gewiße Breite haben, wie man sagt, „verwaschen" erscheinen.

Noch viel bedenklicher ist der folgende Umstand: Bewegt sich ein Elektron rotierend um den Kern, so wie es die Rutherfordschen Vorstellungen verlangen, so muß es anerkannten Gesetzen zufolge elektrische Wellen ausstrahlen; deren Energie wird natürlich von der Rotationsenergie des Elektrons bestritten, dieses müßte infolgedessen bald langsamer rotieren, schließlich überhaupt stillstehen und in den Kern stürzen. Das ganze Atommodell erfüllt also nicht die unbedingt notwendige Forderung der Stabilität.

Wir befinden uns also in einer peinlichen Lage. Wir können auf unser Modell nicht verzichten, auf das die Welt der radioaktiven Erscheinungen notwendig hinführt. Ebensowenig aber können wir der eben geschilderten Konsequenz entgehen, wenigstens dann nicht, wenn wir auf dem Boden der sog. klassischen Elektrizitäts- und Strahlungslehre, die im Wesentlichen auf Maxwell zurückgeht, stehen bleiben wollen.

Eine ganz neue physikalische Gedankenwelt war erforderlich, um den Weg aus diesem Dilemma zu finden: Die Quantentheorie Max Plancks, insbesondere in der Anwendung, die sie durch Niels Bohr auf die Atomtheorie gefunden hat. Sie soll in einem folgenden Bändchen, das gewissermaßen die Fortsetzung des vorliegenden bildet, auseinandergesetzt werden.

═══════════════ Die angegebenen Preise ═══════════════
sind Grundpreise, auf die ein den jeweiligen Herstellungs- und allgemeinen Unkosten entsprechender Zuschlag (September 1922: 1500%, Schulbücher mit * bezeichnet 900%) berechnet wird. Nur durch diese im geschäftlichen Verkehr sonst auch allgemein übliche Berechnung ist es möglich, den durch die fortschreitende Teuerung bedingten Preisänderungen zu folgen.

Von Dr. *P. Kirchberger,* Studienrat an der Leibniz-Oberrealschule in Charlottenburg, erscheint ferner als Bd. II des vorliegenden Buches

Quantentheorie. (Mathematisch-physikalische Bibliothek Bd. 46)

Das Wesen der Materie. I. Moleküle und Atome. Von Dr. *G. Mie,* Prof. a. d. Univ. Halle a. S. 4. Aufl. Mit 25 Fig. im Text. [122 S.] 8. 1919. (ANuG. Bd. 58.) Kart. M. 2.35, geb. M. 3.—

Behandelt die Grundlehren der modernen Physik, die zum Ausbau und zur Begründung der Atom- und Molekulartheorie geführt haben und entwirft ein Bild von dem Aufbau der körperlichen Welt.

Vorlesungen über chemische Atomistik. Von Dr. *F. W. Hinrichsen,* weil. Prof. an der Technischen Hochschule Berlin. Mit 7 Abb. im Text und 1 Taf. [VIII u. 198 S.] gr. 8. 1908. Geb. M. 7.—

Die Entwicklung der chemischen Atomistik wird in großen Zügen wiedergegeben. Besondere Berücksichtigung finden die Valenzlehre, das periodische System der chemischen Elemente und die Elektronentheorie. Daneben werden kurz die erkenntnistheoretischen Grundlagen der Atomistik behandelt, die zu einer Kritik der materialist. Weltanschauung führen

Die Erscheinungsformen der Materie. Vorlesungen üb. Kolloidchemie. Von Dr. *V. Kohlschütter,* Prof. an der Universität Bern. [X u. 355 S.] 8. 1917. Geh. M. 8.—, geb. M. 10.—

„Die Darstellung ist sehr klar und in vielen Teilen geradezu fesselnd. Überall stellen Beispiele aus der Praxis die Bedeutung des theoretisch Abgeleiteten in das rechte Licht, und so darf das Buch, das erhebliche physikalische oder mathematische Kenntnisse nicht voraussetzt, angelegentlichst empfohlen werden." **(Zeitschrift für analytische Chemie.)**

Ionentheorie. Von Dr. *P. Bräuer,* Studienrat am Realgymnasium zu Hannover. Mit 9 Fig. i. T. [IV u. 51 S.] 8. 1919. (MPB Bd. 38.) Kart. M. 1.50

Leitet in gemeinverständlicher, auf das Experiment gestützter Darstellung in die für die moderne anorganische Chemie so bedeutungsvolle Ionentheorie ein, wie sie sich aus den Forschungen eines Faraday, Kohlrausch, Helmholtz, Ostwald, van't Hoff und Arrhenius entwickelt hat.

Das Leitvermögen der Elektrolyte, insbesondere der wäßrigen Lösungen. Methoden, Resultate und chemische Anwendungen. Von Prof. Dr. *F. Kohlrausch,* weil. Präsident der Phys.-techn. Reichsanstalt zu Berlin und Geh. Reg.-Rat Prof. Dr. *L. Holborn,* Direktor an der Phys.-techn. Reichsanstalt. 2. Aufl. Mit in den Text gedruckten Fig. und 1 Taf. [IX u. 237 S.] gr. 8. 1916. Geh. M. 8.—, geb. M. 10.—

„Der Kohlrausch-Holborn gehört zu den klassischen Werken der elektrochemischen Literatur. Seine praktischen Ratschläge, seine ausgedehnten Leitfähigkeitstafeln, seine theoretischen Erörterungen haben sich in unzähligen Fällen nützlich erwiesen. Die neue Auflage baut auf der wissenschaftlich gediegenen Grundlage sachgemäß weiter." **(Elektrot. Rundschau.)**

Über Elektronen. Vortrag, gehalten auf der 77. Versammlung deutscher Naturforscher und Ärzte in Meran. Von Geh. Hofrat Dr. *W. Wien,* Prof. an der Universität München. 2., die Fortschritte der Wissenschaft berücksichtigende Aufl. [38 S.] gr. 8. 1909. Geh. M. 1.40

„... Der Versuch, dieses schwierige Gebiet, das physikalisch wie mathematisch äußerst subtil ist, ohne mathematische Entwicklungen und ohne Beschreibung komplizierter Experimente für den gebildeten Laien faßlich dargelegt zu haben, darf als wohlgelungen bezeichnet werden." **(Dresdner Anzeiger.)**

Verlag von B. G. Teubner in Leipzig und Berlin

═══════ **Die angegebenen Preise** ═══════
sind **Grundpreise**, auf die ein den jeweiligen Herstellungs- und allgemeinen
Unkosten entsprechender Zuschlag (September 1922: 1500%, Schulbücher mit * bezeichnet 900%) berechnet wird. Nur durch diese im geschäftlichen Verkehr sonst
auch allgemein übliche Berechnung ist es möglich, den durch die fortschreitende
Teuerung bedingten Preisänderungen zu folgen.

Mathematische Streifzüge durch die Geschichte der Astronomie.
Von Dr. *P. Kirchberger*, Stud.-Rat a. d. Leibniz-Oberrealsch. i. Charlottenburg.
Mit 22 Fig. [IV u. 54 S.] 8. 1921. (M.-ph. Bibl. Bd. 40.) Kart. M. 1.50

Gibt einen kurzen Abriß der Sternkunde von den ältesten Zeiten bis zur unmittelbaren Gegenwart, indem es einzelne astronomische Probleme einer elementaren mathematischen Behandlung zugänglich macht, deren Auswahl teils nach historisch astronomischen Gesichtspunkten, teils nach mathematischen erfolgt ist.

Astronomie.
Unter Redaktion von Geh. Reg.-Rat Dr. *J. Hartmann*, Prof. a. d. Univ. Göttingen. Bearb. von *L. Ambronn, Fr. Boll, A. v. Flotow, F. K. Ginzel, K. Graff, P. Guthnick, J. Hartmann, J. v. Hepperger, H. Kobold, S. Oppenheim, E. Pringsheim†*. Mit 44 Abb. im Text u. 8 Tafeln. [VIII u. 638 S.] Lex. 8. 1921. (Die Kultur der Gegenwart hrsg. von Prof. Dr. *P. Hinneberg*, Berlin. Teil III, Abt. III, Bd. 3.) Geh. M. 37.50, geb. M. 50.—, in Halbleder mit Goldoberschnitt M. 65.—

„Soll ich in kurzen Worten mein Urteil über das Buch zusammenfassen, so möchte ich sagen: bei völligem Fehlen nutzloser Spekulationen verbindet es eine Übersicht über die gesamte astronomische Forschung mit einer historischen Darstellung des Einflusses der Sternkunde auf das äußere Leben und die Weltanschauung aller Kulturstufen. Es gehört daher in die Bibliothek — natürlich jedes Fachmannes — aller Freunde der Himmelskunde, aber besonders auch in die Schulbibliotheken." **(Kölnische Volkszeitung.)**

Astrophysik.
3., völlig neubearb. Aufl. von *J. Scheiner*. Populäre Astrophysik von Prof. Dr. *K. Graff*, Observator der Hamburger Sternwarte. Mit 17 Tafeln u. 254 Fig. im Text. [VIII u. 558 S.] gr. 8. 1922. Geh. M. 20.—, geb. M. 24.—

Das Werk bietet in der Neuauflage eine auch den gebildeten Laien zugängliche Einführung in die neuesten außerordentlichen Fortschritte der astrophysikalischen Forschung und entwirft ein vollständiges Bild des Kosmos, der Sonne, der Planeten, der Fixsterne und Nebelflecke, wie es sich darnach darstellt. Das Verständnis der Darstellung der neueren Forschungsmethoden sowohl als die Behandlung der einzelnen Gestirne mit ihren Erscheinungen und den daran anknüpfenden Theorien ist durch zahlreiche Abbildungen erleichtert.

Physik und Kulturentwicklung
durch technische und wissenschaftliche Erweiterung der menschlichen Naturanlagen. Von Geh. Hofrat Dr. *O. Wiener*, Prof. an der Universität Leipzig. 2. Aufl. Mit 72 Abb. im Text. [X u. 118 S.] 8 1921. Geh. M. 6.—, geb. M. 8.80

„Das Buch enthält eine Reihe von Gedanken, die uns eine neue Seite der Forschung und Technik enthüllt, eine Reihe von Ausführungen, die einen Blick tun lassen in die Welt der feinsten Forschungen, auch der gigantischen Werke der Technik, daß der Leser im Bann des Buches gehalten wird bis zum Schluß." **(Blätter für das bayer. Gymnasialschulwesen.)**

Physik und Erkenntnistheorie.
Von Dr. *E. Gehrcke*, Prof. an der Univ. Berlin. Mit 4 Fig. [IV u. 119 S.] 8. 1921. Geh. M. 8,— geb. M. 10.—

Die Schrift, die sich an den Physiker wie den Philosophen, aber auch den Mathematiker wendet, kommt dem allgemeinen Verlangen nach Naturphilosphie, nach Zusammenfassung des Einzelwissens auf den von ihr behandelten Gebieten entgegen.

Chemisches Wörterbuch.
Von Dr. *H. Remy*, Privatdozent an der Universität Göttingen. (Teubn. kl. Fachwörterb. Bd. 10.) [U. d. Pr. 1922.]

Chemie. Allgemeine Kristallographie und Mineralogie.
Unter Redaktion von Geh. Reg.-Rat Dr. *Fr. Rinne*, Prof. an der Univ. Leipzig, bearb. von *E. v. Meyer, C. Engler, L. Wöhler, O. Wallach, R. Luther, W. Nernst, M. Le Blanc, A. Kossel, O. Kellner* u. *H. Immendorf, O. Witt, Fr. Rinne*. Mit 53 Abb. i. T. [VI u. 663 S.] Lex. 8. 1913. (Die Kult. d. Gegenw., hrsg. v. Prof. Dr. *P. Hinneberg*, Teil III, Abt. III, Bd. 2.) M. 22.50, geb. M. 32.50

Verlag von B. G. Teubner in Leipzig und Berlin

MIX
Papier aus verantwortungsvollen Quellen
Paper from responsible sources
FSC® C105338

If you have any concerns about our products,
you can contact us on
ProductSafety@springernature.com

In case Publisher is established outside the EU,
the EU authorized representative is:
**Springer Nature Customer Service Center GmbH
Europaplatz 3, 69115 Heidelberg, Germany**

Printed by Libri Plureos GmbH
in Hamburg, Germany